全国中医药行业中等职业教育“十二五”规划教材

生物化学基础

（供护理、药剂、中药、中药制药等专业用）

主　　编　朱大勇（四川省食品药品学校）
副 主 编　（按姓氏笔画排序）
　　　　　孙少敏（山东省青岛卫生学校）
　　　　　胡玉萍（保山中医药高等专科学校）
　　　　　曾　婕（成都中医药大学附属医院针灸学校）
编　　委　（按姓氏笔画排序）
　　　　　王砚辉（曲阜中医药学校）
　　　　　左晓利（安阳职业技术学院）
　　　　　刘庆春（南阳医学高等专科学校）
　　　　　张万秋（四川省食品药品学校）
　　　　　常雪颖（北京市实验职业学校）
秘　　书　舒克非（四川省食品药品学校）

中国中医药出版社
·北　京·

图书在版编目（CIP）数据

生物化学基础/朱大勇主编．—北京：中国中医药出版社，2015.8（2022.1重印）
全国中医药行业中等职业教育“十二五”规划教材
ISBN 978-7-5132-2510-6

Ⅰ．①生… Ⅱ．①朱… Ⅲ．①生物化学-中等专业学校-教材
Ⅳ．①Q5

中国版本图书馆 CIP 数据核字（2015）第 110512 号

中国中医药出版社出版
北京经济技术开发区科创十三街 31 号院二区 8 号楼
邮政编码 100176
传真 010 64405721
山东百润本色印刷有限公司印刷
各地新华书店经销
*
开本 787×1092 1/16 印张 10.5 字数 232 千字
2015 年 8 月第 1 版 2022 年 1 月第 6 次印刷
书 号 ISBN 978-7-5132-2510-6
*
定价 29.00 元
网址 www.cptcm.com

如有印装质量问题请与本社出版部调换（010 64405510）

服务热线 010 64405510
购书热线 010 64065415 010 64065413
微信服务号 zgzyycbs
书店网址 csln.net/qksd/
官方微博 http：//e.weibo.com/cptcm
淘宝天猫网址 http：//zgzyycbs.tmall.com

全国中医药职业教育教学指导委员会

前　言

中医药职业教育是我国现代职业教育体系的重要组成部分，肩负着培养中医药多样化人才、传承中医药技术技能、推动中医药事业科学发展的重要职责。教育要发展，教材是根本，是提高教育教学质量的重要保证，是人才培养的重要基础。为贯彻落实习近平总书记关于加快发展现代职业教育的重要指示精神和《国家中长期教育改革和发展规划纲要（2010—2020年）》，国家中医药管理局教材办公室、全国中医药职业教育教学指导委员会紧密结合中医药职业教育特点，适应中医药中等职业教育的教学发展需求，突出中医药中等职业教育的特色，组织完成了“全国中医药行业中等职业教育‘十二五’规划教材”建设工作。

作为全国唯一的中医药行业中等职业教育规划教材，本版教材按照“政府指导、学会主办、院校联办、出版社协办”的运作机制，于2013年启动编写工作。通过广泛调研、全国范围遴选主编，组建了一支由全国60余所中高等中医药院校及相关医院、医药企业等单位组成的联合编写队伍，先后经过主编会议、编委会议、定稿会议等多轮研究论证，在400余位编者的共同努力下，历时一年半时间，完成了36种规划教材的编写。本套教材由中国中医药出版社出版，供全国中等职业教育学校中医、护理、中医护理、中医康复保健、中药和中药制药等6个专业使用。

本套教材具有以下特色：

1. 注重把握培养方向，坚持以就业为导向、以能力为本位、以岗位需求为标准的原则，紧扣培养高素质劳动者和技能型人才的目标进行编写，体现“工学结合”的人才培养模式。

2. 注重中医药职业教育的特点，以教育部新的教学指导意见为纲领，贴近学生、贴近岗位、贴近社会，体现教材针对性、适用性及实用性，符合中医药中等职业教育教学实际。

3. 注重强化精品意识，从教材内容结构、知识点、规范化、标准化、编写技巧、语言文字等方面加以改革，具备“精品教材”特质。

4. 注重教材内容与教学大纲的统一，涵盖资格考试全部内容及所有考试要求的知识点，满足学生获得“双证书”及相关工作岗位需求，有利于促进学生就业。

5. 注重创新教材呈现形式，版式设计新颖、活泼，图文并茂，配有网络教学大纲指导教与学（相关内容可在中国中医药出版社网站 www. cptcm. com 下载），符合中等职业学校学生认知规律及特点，有利于增强学生的学习兴趣。

本版教材的组织编写得到了国家中医药管理局的精心指导、全国中医药中等职业教育学校的大力支持、相关专家和教材编写团队的辛勤付出，保证了教材质量，提升了教材水平，在此表示诚挚的谢意！

我们衷心希望本版规划教材能在相关课程的教学中发挥积极的作用，通过教学实践的检验不断改进和完善。敬请各教学单位、教学人员及广大学生多提宝贵意见，以便再版时予以修正，提升教材质量。

国家中医药管理局教材办公室
全国中医药职业教育教学指导委员会
中国中医药出版社
2015 年 4 月

编写说明

《生物化学基础》是“全国中医药行业中等职业教育‘十二五’规划教材”之一，依据习近平总书记关于加快发展现代职业教育的重要指示和《国家中长期教育改革和发展规划纲要（2010－2020年）》精神进行编写，适应中医药中等职业教育的教学发展需求，突出中医药中等职业教育的特色。本教材由全国中医药职业教育教学指导委员会、国家中医药管理局教材办公室统一规划、宏观指导，中国中医药出版社具体组织，全国中医药中等职业教育学校联合编写出版，供中医药中等职业教育教学使用。

本教材牢固确立职业教育在国家人才培养体系中的重要位置，力求职业教育专业设置与产业需求、课程内容与职业标准、教学过程与生产过程“三对接”，“崇尚一技之长”，提升人才培养质量，做到学以致用。教材编写强化质量意识、精品意识，以学生为中心，以“三对接”为宗旨，突出思想性、科学性、实用性、启发性、教学适用性，在教材内容结构、知识点、规范化、标准化、编写技巧、语言文字等方面加以改革，从整体上提高教材质量，力求编写出“精品教材”。

本教材主要适用于中等职业学校护理、药剂、中药、中药制药等专业。针对中职培养目标和培养对象，本教材以基础生物化学内容为中心，围绕药学、医学各专业所需的生物化学知识点取材编写而成，注重中职学生的特点，在编写时每章都明确了学习目标，并设计了课堂互动、知识拓展等形式灵活、栏目丰富的内容。课后还布置了目标测试，以巩固学生的学习成果。

本教材编写分工如下：绪论和第六章由朱大勇编写；第一章由孙少敏编写；第二章由左晓利编写；第三章由胡玉萍编写；第四章由刘庆春编写；第五章由常学颖编写；第七章由曾婕编写；第八章由张万秋编写；实验与实训由王砚辉编写；舒克非负责绘图及修改工作。全书由朱大勇统稿。

本教材在编写过程中查阅借鉴了大量资料，在此向资料提供者致谢。编者在编写过程中倾心尽力，但由于时间仓促、水平有限，难免存在诸多不足之处，恳请使用本教材的广大师生提出宝贵意见，以便再版时修订提高。

《生物化学基础》编委会

2015年3月

目　录

绪 论

学习目标

1. 知识目标 掌握生物化学的定义和研究内容；了解生物化学的发展史；认识生物化学与医学药学的关系。

2. 技能目标 熟悉生物化学的研究方法。

一、生物化学的研究内容和学习任务

地球上的生物虽然纷繁复杂，但构成这些生物体的化学元素却基本相同，包括 C、H、O、N、P、S 和少量其他元素。人类很早就在对此进行研究，1877 年，德国医生霍佩赛勒（Hoppe-Seyler）首次提出生物化学（Biochemistry）这个词。生物化学是研究生物体的化学组成和生命过程中的化学变化的一门科学，是生命的化学。其研究对象包括了自然界的微生物、植物、动物和人类。生物化学的学习任务就是搞清生命机体的化学组成；明确维持生命活动的各种化学变化及其相互联系。

二、生物化学的研究范畴

（一）静态生物化学（生物体的物质组成、结构和功能）

许多复杂的化学成分按一定的规律和方式组成生物体。除了水和无机盐之外，还包括主要由碳原子与氢、氧、氮、磷、硫等结合组成的有机物。这些有机物根据分子量的大小分为大分子和小分子两大类。前者包括蛋白质、核酸、多糖和以结合状态存在的脂质；后者有维生素、激素、各种代谢中间物以及合成生物大分子所需的氨基酸、核苷酸、糖、脂肪酸和甘油等。在不同的生物中，还有各种次生代谢物，如萜类、生物碱、毒素、抗生素等。

构成生物体的有机分子在生命活动中有许多重要的功能，生物大分子的多种功能与它们特定的结构有密切关系。例如，蛋白质的基本结构是由氨基酸通过肽键连接形成，主要功能有运输和贮存、机械支持、运动、免疫防护、接受和传递信息、调节代谢和基因表达等。蛋白质分子的结构分 4 个层次，蛋白质的侧链更是无时无刻不在快速运动之中，这种内部的运动性是它们执行各种功能的重要基础。而核酸的基本结构是核苷酸通过磷酸二酯键连接形成，研究核酸的结构与功能为阐明基因的本质、了解生物体遗传信息的流动做出了贡献。

（二）动态生物化学（生命的新陈代谢）

新陈代谢是生物体生命活动的基本特征，包括合成代谢和分解代谢。前者是生物体从环境中取得物质，转化为体内新的物质的过程，也叫同化作用；后者是生物体内的原有物质转化为代谢产物排出体外，也叫异化作用。通过新陈代谢，生物得以维持体内环境的相对稳定。在物质代谢的过程中还伴随有能量的变化。生物体内机械能、化学能、热能以及光、电等能量的相互转化和变化称为能量代谢，此过程中 ATP 起着中心的作用。

所有的新陈代谢都需要酶的参与。生物体通过多条途径对酶的活动进行有效的调节控制，使各项生命活动能有条不紊地进行。这种调控包括诱导或阻遏酶的合成、通过别构效应直接影响酶的活性等。

（三）机能生物化学（生物信息的传递与调控）

生命现象是在信息控制下不同层次上的物质、能量与信息的交换与传递过程，生物大分子的重要特征之一是具有信息功能，因此也称为生物信息分子。生物体通过基因实现了生物性状的代代相传。基因是 DNA 分子中具有生物学功能的片段；RNA 是遗传信息的传递者；蛋白质是基因表达的产物，是遗传信息的体现者。研究生物信息的传递与调控规律，不仅对认识遗传、变异、生长、分化等生命过程有意义，而且对于揭示人类诸多疾病的发病机制也具有重要价值。以计算机为工具对生物信息进行储存、检索和分析，重点研究基因组学和蛋白组学的科学——生物信息学，将是 21 世纪自然科学的核心领域之一。

三、生物化学的发展简史

（一）古代的生物化学

早在公元前 21 世纪，我国人民已能造酒，作酒必用曲，故称曲为酒母，又叫作酶，是促进谷物中主要成分的淀粉转化为酒的媒介物。现在将促进生物体内化学反应的媒介物（即生物催化剂）统称为酶。公元前 12 世纪以前，已能制饴、制醋，饴就是今天的麦芽糖，是大麦芽中的淀粉酶水解谷物中淀粉的产物。在医药方面，我国民间很早就开始用天然产品治疗疾病，如用羊靥（包括甲状腺的头部肌肉）治甲状腺肿、紫河车（胎盘）作强壮剂、蟾酥（蟾蜍皮肤疣的分泌物）治创伤、羚羊角治中风、鸡内金止遗尿及消食健胃等。我国古代医学对某些营养缺乏病的治疗，也有所认识，如地方性甲状腺肿古称“瘿病”，主要是饮食中缺碘所致，有用含碘丰富的海带、海藻、紫菜等海产品防治的。公元 4 世纪，葛洪著《肘后备急方》中载有用海藻酒治疗瘿病的方法，而在欧洲，直到公元 1170 年才有用海藻及海绵的灰分治疗此病者。孙思邈（公元 581 ~

682 年）对脚气病早有详细研究，认为是一种食米区的疾病，可用含有维生素 B_1 的车前子、防风、杏仁、大豆、槟榔等治疗。夜盲症古称“雀目”，是一种缺乏维生素 A 的病症，孙思邈首先用含维生素 A 较丰富的猪肝治疗。明代李时珍《本草纲目》共收载药物 1892 种，其中除动植物药外，书中还详述人体的代谢物、分泌物及排泄物等，如人发、乳汁、人尿等加工后做药用。以上事实证明，中国古代对生物化学的认识和应用已经有了很好的基础。

（二）近代生物化学

18 世纪中叶至 20 世纪初，在有机化学快速发展的基础上，欧洲的科学家对生物化学的研究也取得了巨大的突破。从瑞典化学家舍勒（Scheele）研究生物体（植物及动物）各种组织的化学组成开始，一般认为这是奠定现代生物化学基础的工作。随后，法国的拉瓦锡（Lavoisier）于 1785 年证明，在呼吸过程中，吸进的氧气被消耗，呼出二氧化碳，同时放出热能，这意味着呼吸过程包含有氧化作用，这是生物氧化及能量代谢研究的开端。1828 年 Wohler 在实验室里将氰酸铵转变成尿素，氰酸铵是一种普通的无机化合物，而尿素是哺乳动物尿中含氮物质代谢的一种主要产物，人工合成尿素的成功，不但为有机化学扫清了障碍，也为生物化学的发展开辟了广阔的道路。

自此直到 20 世纪初，对生物体内的物质，如脂类、糖类及氨基酸的研究，核质及核酸的发现，多肽的合成等都取得了成果。而更有意义的则是在 1897 年 Buchner 制备的无细胞酵母提取液，在催化糖类发酵上获得成功，开辟了发酵过程在化学上的研究道路，奠定了酶学的基础。9 年之后，Harden 与 Young 又发现发酵辅酶的存在，使酶学的发展更向前推进一步。1926 年 Sumner 得到了脲酶的结晶，证明酶就是蛋白质 。

（三）现代生物化学

1953 年 Watson 和 Crick 发表了“脱氧核糖核酸的结构”的著名论文，他们在 Wilkins 完成的 DNA X-射线衍射结果的基础上，推导出 DNA 分子的双螺旋结构模型。这一成果不仅使三人获得了诺贝尔奖，也标志着生物化学进入了现代研究阶段。F. Crick 于 1958 年提出分子遗传的中心法则，从而揭示了核酸和蛋白质之间的信息传递关系，又于 1961 年证明了遗传密码的通用性。1966 年由 H. G. Khorana 和 Nirenberg 合作破译了遗传密码，这是生物学方面的另一杰出成就。至此遗传信息在生物体由 DNA 到蛋白质的传递过程已经弄清。1967 年，Gellert 发现了 DNA 连接酶，1972 年 Berg 和 Boyer 等创建了 DNA 重组技术。1985 年，美国 R. Sinsheimer 首次提出“人类基因组研究计划”，2003 年 4 月 14 日美、中、日、德、法、英 6 国科学家宣布人类基因组图绘制成功，已完成的序列图覆盖人类基因组所含基因的 99%。1997 年，I. Wilmut 成功获得体细胞克隆羊——多莉，这项成果震惊了世界，其潜在的意义难以估计。2006 年 6 月 2 日，世界上第一个利用转基因动物乳腺生物反应器生产的基因工程蛋白药物——重组人抗凝血酶Ⅲ的上市许可申请获得了批准，这对于欧洲患有先天性抗凝血酶缺失症的病人们是一个巨大的福音。

知识拓展

多莉的诞生

1997年2月27日英国爱丁堡罗斯林（Roslin）研究所的伊恩·维尔莫特科学研究小组向世界宣布，世界上第一头克隆绵羊“多莉”（Dolly）诞生，这一消息立刻轰动了全世界。

“多莉”的产生与三只母羊有关。一只是怀孕三个月的芬兰多塞特母绵羊，两只是苏格兰黑面母绵羊。芬兰多塞特母绵羊提供了全套遗传信息，即提供了细胞核（称之为供体）；一只苏格兰黑面母绵羊提供无细胞核的卵细胞；另一只苏格兰黑面母绵羊提供羊胚胎的发育环境——子宫，是“多莉”羊的“生”母。

克隆是英文“clone”或“cloning”的音译，起源于希腊文“Kline”，原意是指以幼苗或嫩枝插条，以无性繁殖或营养繁殖的方式培育植物，如扦插和嫁接。在中文可译为“无性繁殖”。

在此期间，中国著名的生物化学家吴宪曾与美国哈佛医学院Folin一起首次用比色定量方法测定血糖，与刘思职、万昕、陈同度、汪猷、张昌颖、杨恩孚、周启源等完成了蛋白质变性理论，血液的生物化学方法检查研究，免疫化学研究，素食营养研究，内分泌研究。我国生物化学家王应睐和邹承鲁等于1965年人工合成具有生物活性的蛋白质——结晶牛胰岛素。中国科学家还于1981年用有机合成酶促合成的方法完成酵母丙氨酸转移核糖核酸的人工全合成。

生物化学在这一阶段的发展，以及物理学、微生物学、遗传学、细胞学等其他学科的渗透，产生了分子生物学，并成为生物化学的主体。

四、生物化学的应用与发展

21世纪是以信息科学和生命科学为前沿科学的时代。生物化学在生命科学中居于基础地位，也是医学、药学、农学和食品科学等学科的重要基础。

生物化学在生产生活中的应用主要体现在医药、农业和食品行业等方面。在农业和食品方面通过转基因技术改良农作物，使产量和质量都得到了大幅度的提高。在医药学上，人们根据疾病的发病机理以及病原体与人体在代谢和调控上的差异，设计或筛选出各种高效低毒的药物。比如最早的合成抗菌药——磺胺类药物就是竞争性抑制二氢叶酸还原酶，使细菌不能合成叶酸从而产生抑制细菌的作用。依据免疫学知识人们设计研制出各种疫苗，使人类从传染病中得以幸免。利用基因工程技术生产贵重药物进展迅速，包括一些激素、干扰素和疫苗等。基因工程和细胞融合技术用于改进工业微生物菌株不仅能提高产量，还有可能创造新的抗生素杂交品种。目前，已经成功应用于临床的生化药物达到二百余种。一些重要的工业用酶，如α-淀粉酶、纤维素酶、青霉素酰化酶等的基因克隆均已成功。利用基因工程技术，不但成倍地提高了酶的活力，而且还可以将生物酶基因克隆到微生物中，构建基因菌产生酶，使多种淀粉酶、蛋白酶、纤维素酶、氨基酸合成途径的关键酶得到改造、克隆，使酶的催化活性、稳定性得到提高，氨基酸合成的代谢流得以拓宽，产量提高。随着基因重组技术的发展，被称为第二代基因工程的蛋白质工程发展迅速，显示出巨大潜力和光辉前景。利用蛋白质工程，将可以生产具有特定氨基酸顺序、理化性质和生理功能的新型蛋白质，可以定向改造酶的性能，从而生产出新型生化产品。

生物化学还在发酵、纺织、皮革和环境保护等行业都有广泛的应用和无限的发展前景。

五、生物化学的研究方法

1. 电泳技术 电泳是指在电场中的带电粒子向电性相反方向发生位移的现象。电泳技术具有操作简单、快速、灵敏等优点，是生物化学与分子生物学技术中分离、鉴定生物大分子的重要手段，成为蛋白质、核酸分析鉴定的主要技术之一。常用电泳方法包括滤纸电泳、醋酸纤维薄膜电泳、琼脂糖凝胶电泳和聚丙烯酰胺凝胶电泳。

2. 层析技术 层析法又称色谱法或色层法，开始由分离植物色素而得名，经不断发展成为现代生物化学最常用的分析方法之一。此种方法可以分离和鉴定性质极为相似、而且用一般化学方法难以分离的多种化合物，如氨基酸、蛋白质、糖、脂类、核苷酸、核酸。常用的色谱法有纸色谱、柱色谱、薄层色谱和高效液相色谱。

3. 比色分析技术 又称分光光度法，是利用单色器（主要是棱镜）获得单色光来测定物质对光吸收能力的方法。它是光谱分析技术中最基本和最常用的方法，因其具有灵敏、准确、快速、简便、选择性好等特点而被广泛应用。光谱分析技术可分为发射光谱、吸收光谱和散射光谱三大类。基于发射光谱分析的方法有火焰光度法、原子发射光谱法和荧光光谱法；基于吸收光谱分析的方法有紫外-可见分光光度法、原子吸收分光光度法和红外光谱法；基于散射光谱分析的方法有比浊法等。

4. 离心技术 离心技术是实验室常采用的技术，是利用离心力将悬浮液中的悬浮微粒快速沉降，借以分离比重不同的各种物质成分的方法。制备离心技术是以分离、纯化、制备某一生物分子、亚细胞粒子、细胞器和细胞为目的的离心技术。根据原理不同，制备离心技术可分为差速离心技术和密度梯度离心技术两大类。

第一章　蛋白质化学及氨基酸代谢

学习目标

1. 知识目标　掌握蛋白质的元素组成及特点，蛋白质的基本组成单位——氨基酸、肽键与肽、蛋白质各级结构的概念、特点及主要化学键，蛋白质的主要理化性质。了解蛋白质的主要功能、氨基酸的来源与去路及一碳单位的概念。

2. 技能目标　能举例说明蛋白质结构与功能的关系，解释分子病与构象病的发病机制。学会运用蛋白质主要的理化性质，对蛋白质进行分离提纯、定性定量测定，以及指导临床应用。通过了解 ALT（GPT）、AST（GOT）组织分布特点，学会指导临床疾病的诊断。叙述血氨的来源与去路，并指导临床实践，解释氨中毒机制。

蛋白质（protein）是由氨基酸通过肽键相连而成的一类含氮的生物大分子，是生物体的基本组成成分，生物体越复杂，所含蛋白质的种类也越繁多。蛋白质在人体内分布广、含量高、种类丰富，其分布的范围涉及所有器官、组织、细胞，约占人体干重的45%，某些组织例如脾、肺及横纹肌等含量高达80%，人体内蛋白质种类约在10万种以上。蛋白质还具有众多的生物学活性，几乎参与机体一切的生命活动，是生命活动的主要承担者。因此，蛋白质是生命的物质基础，没有蛋白质就没有生命。

知识拓展

蛋白质的来源

在常用食物中，每100g肉类含蛋白质10～20g，鱼类含15～20g，全蛋含13～15g，豆类含20～30g，谷类含8～12g，蔬菜、水果含1～2g。动物性食物比植物性食物蛋白质含量多，豆类蛋白质含量很多，品质上比动物性食物也不差。

第一节　蛋白质的组成及结构

自然界生物体的多样性取决于蛋白质结构和功能的多样性，而蛋白质的结构决定了其生物学功能。因此要了解蛋白质在生命活动中的作用，首先要了解其分子组成和结构。

一、蛋白质的元素组成特点

蛋白质的元素组成为碳、氢、氧、氮，除此之外还有硫。有的蛋白质含有磷、碘，少数含铁、铜、锌、锰、钴、钼等金属元素。

蛋白质元素组成的特点是各种蛋白质的含氮量很接近，平均为16%。由于体内组织的主要含氮物是蛋白质，因此根据这一特点，只要测定生物样品中的氮含量，就可以按下式推算出蛋白质大致含量。

每克样品中含氮克数×6.25＝每克样品中蛋白质含量

知识拓展

“凯氏定氮法”与三聚氰胺

食品蛋白质测定的国标规定方法——“凯氏定氮法”，就是通过测定食品的含氮量来估算蛋白质的含量。其具体方法是：将蛋白质和硫酸与催化剂一同加热，使其分解，分解出的氨与硫酸结合生成硫酸铵；然后通过碱化蒸馏使氨游离，用硼酸吸收后，再以硫酸或盐酸标准溶液滴定，根据酸的消耗量乘以换算系数，即为蛋白质含量。该方法适用于各类食品中蛋白质的测定。

三聚氰胺（melamine）是一种三嗪类含氮杂环有机化合物，其含氮量远远高于蛋白质。因此，向食品（如牛奶）中添加三聚氰胺，通过凯氏定氮法测定，会提高食品蛋白质的含量，从而使劣质食品通过食品检验机构的检测。

二、蛋白质的基本组成单位——氨基酸

蛋白质可以受酸、碱或酶的作用而水解。利用层析等技术分析水解液，就可以证明水解的最终产物为氨基酸。存在自然界中的氨基酸有300余种，但组成人体蛋白质的氨基酸共20种。

（一）氨基酸的结构

氨基酸是羧酸分子中α-碳原子上的一个氢原子被氨基取代而生成的化合物，故称为L-α-氨基酸（甘氨酸除外），氨基酸的结构通式可写为：

$$R-\underset{NH_2}{\overset{H}{\underset{|}{\overset{|}{C}}}}-COOH$$

（二）氨基酸的分类

根据氨基酸侧链R基团的结构和理化性质不同，可将人体20种氨基酸分为4类：

1. 非极性疏水性氨基酸 其特征是含有非极性的侧链，且具有疏水性，但甘氨酸的侧链仅为氢原子，无疏水性。此类氨基酸包括甘氨酸、丙氨酸、缬氨酸、亮氨酸、异亮氨酸、苯丙氨酸、脯氨酸、甲硫氨酸、色氨酸。

2. 极性中性氨基酸 其特征是侧链带有羟基、巯基或酰胺基等极性基团，具有亲水性，但在中性水溶液中不电离。此类氨基酸包括丝氨酸、酪氨酸、半胱氨酸、谷氨酰胺、苏氨酸。

3. 酸性氨基酸 其特征是侧链都含有羧基，易解离出 H^+ 而具有酸性。此类氨基酸有天冬氨酸和谷氨酸两种。

4. 碱性氨基酸 其特征是侧链含有氨基、胍基或咪唑基，易于接受 H^+ 而具有碱性。此类氨基酸有赖氨酸、精氨酸和组氨酸三种。

表 1-1 组成人体蛋白质的 20 种常见氨基酸的名称和结构式

名称	中文缩写	英文缩写		结构式
非极性疏水性氨基酸				
甘氨酸 Glycine	甘	Gly	G	CH_2—COO^- | $^{+}NH_3$
丙氨酸 Alanine	丙	Ala	A	CH_3—CH—COO^- | $^{+}NH_3$
亮氨酸 * Leucine	亮	Leu	L	$(CH_3)_2CHCH_2$—$CHCOO^-$ | $^{+}NH_3$
异亮氨酸 * Isoleucine	异亮	Ile	I	CH_3CH_2CH—$CHCOO^-$ | | CH_3 $^{+}NH_3$
缬氨酸 * Valine	缬	Val	V	$(CH_3)_2CH$—$CHCOO^-$ | $^{+}NH_3$
脯氨酸 Proline	脯	Pro	P	—COO^- $\overset{+}{N}$ H H
苯丙氨酸 * Phenylalanine	苯丙	Phe	F	—CH_2—$CHCOO^-$ | $^{+}NH_3$
蛋（甲硫）氨酸 * Methionine	蛋	Met	M	$CH_3SCH_2CH_2$—$CHCOO^-$ | $^{+}NH_3$

续表

名称	中文缩写	英文缩写		结构式
色氨酸 * Tryptophan	色	Trp	W	(吲哚环, N—H)—$CH_2CH(^+NH_3)—COO^-$
极性中性氨基酸				
丝氨酸 Serine	丝	Ser	S	$HOCH_2—CH(^+NH_3)COO^-$
谷氨酰胺 Glutamine	谷胺	Gln	Q	$H_2N—C(=O)—CH_2CH_2CH(^+NH_3)COO^-$
苏氨酸 * Threonine	苏	Thr	T	$CH_3CH(OH)—CH(^+NH_3)COO^-$
半胱氨酸 Cysteine	半胱	Cys	C	$HSCH_2—CH(^+NH_3)COO^-$
天冬酰胺 Asparagine	天胺	Asn	N	$H_2N—C(=O)—CH_2CH(^+NH_3)COO^-$
酪氨酸 Tyrosine	酪	Tyr	Y	$HO—C_6H_4—CH_2—CH(^+NH_3)COO^-$
酸性氨基酸				
天冬氨酸 Aspartic acid	天	Asp	D	$HOOCCH_2—CH(^+NH_3)—COO^-$
谷氨酸 Glutamic acid	谷	Glu	E	$HOOCCH_2CH_2—CH(^+NH_3)—COO^-$
碱性氨基酸				
赖氨酸 * Lysine	赖	Lys	K	$^+NH_3CH_2CH_2CH_2CH_2CH(NH_2)COO^-$

续表

名称	中文缩写	英文缩写		结构式
精氨酸 Arginine	精	Arg	R	$H_2N—C(=^{+}NH_2)—NHCH_2CH_2CH_2CH(NH_2)COO^-$
组氨酸 Histidine	组	His	H	咪唑环（N、N—H）$—CH_2CH(^{+}NH_3)—COO^-$

注：＊为必需氨基酸。

这20种氨基酸都有各自的遗传密码，它们是生物合成蛋白质的构件，无种属差异。在体内，一些特殊蛋白质分子中还含有其他氨基酸，如甲状腺球蛋白中碘代酪氨酸、胶原蛋白中的羟脯氨酸及羟赖氨酸、某些蛋白质分子中的胱氨酸等，它们都是在蛋白质生物合成之后（或合成过程中），相应的氨基酸残基被修饰形成的。还有的是在物质代谢过程中产生，如鸟氨酸由精氨酸转变来的等，这些氨基酸在生物体内都没有相应的遗传密码。

（三）氨基酸的理化性质

1. 外观性状 氨基酸为无色晶体，熔点高，一般在200℃以上。不同的氨基酸味不同，有的无味，有的味甜，有的味苦，谷氨酸的单钠盐有鲜味。氨基酸易溶于酸或碱，在水中的溶解度差别很大，这取决于其侧链，但不能溶于有机溶剂。通常酒精能把氨基酸从其溶液中沉淀析出。

课堂互动

同学们想一想，味精的主要成分是什么？

2. 紫外吸收性质 氨基酸的一个重要光学性质是对光有吸收作用。三种芳香族氨基酸在紫外区（220～300nm）有吸收，这三种氨基酸是苯丙氨酸、酪氨酸、色氨酸。苯丙氨酸最大吸收在259nm、酪氨酸在278nm、色氨酸在279nm，蛋白质一般都含有这三种氨基酸残基，所以其最大吸收在大约280nm波长处，因此能利用分光光度法很方便地测定蛋白质的含量。

3. 两性解离与等电点 氨基酸在水溶液或结晶内基本上均以两性离子或偶极离子的形式存在。所谓两性离子是指氨基酸分子在酸性溶液中氨基（$-NH_2$）能与H^+结合而呈阳离子（$-NH_3^+$）；在碱性溶液中羧基（-COOH）失去质子而变成阴离子（$-COO^-$），因此氨基酸是两性电解质。

$$\underset{pH<pI}{R—\underset{^{+}NH_3}{\underset{|}{CH}}—COOH} \underset{H^+}{\overset{OH^-}{\rightleftharpoons}} \underset{pH=pI}{R—\underset{^{+}NH_3}{\underset{|}{CH}}—COO^-} \underset{H^+}{\overset{OH^-}{\rightleftharpoons}} \underset{pH>pI}{R—\underset{NH_2}{\underset{|}{CH}}—COO^-}$$

氨基酸的带电状况取决于所处环境的 pH，改变 pH 可以使氨基酸带正电荷或负电荷，也可使它处于正负电荷数相等，即净电荷为零的两性离子状态。使氨基酸所带正负电荷数相等即净电荷为零时的溶液 pH 称为该氨基酸的等电点（pI）。

4. 显色反应　氨基酸与茚三酮水合物在弱酸条件下共加热时，氨基酸被氧化脱氨、脱羧，而茚三酮水合物被还原，其还原物可与氨基酸加热分解产生的氨结合，再与另一分子茚三酮缩合成为蓝紫色化合物，称为罗曼紫。可用于氨基酸、多肽和蛋白质的定性、定量分析。

三、肽和肽链

1. 肽键　蛋白质是由氨基酸通过肽键相连而成的高分子化合物。肽键是由一个氨基酸的 α-羧基（-COOH）与另一个氨基酸的 α-氨基（$-NH_2$）脱水缩合而成的酰胺键。

$$H_2N-\underset{CH_3}{\overset{H}{C}}-COOH + H-\underset{H}{N}CH_2COOH \longrightarrow H_2N-\underset{CH_3}{\overset{H}{C}}-\underbrace{\overset{O}{\overset{\|}{C}}-NH}_{\text{肽键}}-CH_2-COOH + H_2O$$

2. 肽　氨基酸通过肽键相连而成的化合物称为肽。由两分子氨基酸脱水缩合而成的肽称为二肽，三分子氨基酸脱水缩合成的肽称为三肽，其余以此类推。一般来说，由十个以内氨基酸相连而成的肽称为寡肽，由更多氨基酸相连而成的肽称为多肽。蛋白质就是由数十个到数百个氨基酸分别借肽键相互连接而成的多肽。

3. 多肽链　多肽分子中的氨基酸相互衔接，形成长链，称为多肽链。多肽链中的氨基酸分子因为脱水缩合导致基团不全，称为氨基酸残基。因此，多肽链的主键是肽键，由肽键连接各氨基酸残基形成的长链骨架结构，称为多肽主链。而连接于 C_α 上的各氨基酸残基的 R 基团，统称为多肽侧链。一条多肽链通常有两个游离末端：多肽链中未参与肽键形成的 α-氨基端称为氨基末端，简称 N-端；多肽链中未参与肽键形成的 α-羧基端称为羧基末端，简称 C-端。

4. 生物活性肽　生物活性肽是指具有生物活性的小分子肽，可以是寡肽，也可以是多肽，是生物体内重要的信息分子，在代谢调节、神经传导和生长发育等方面发挥着重要作用。

（1）谷胱甘肽　谷胱甘肽（GSH）是体内重要的还原剂。在谷胱甘肽过氧化物酶的催化下，GSH 可将细胞内产生的 H_2O_2 还原成 H_2O，保护体内蛋白质或酶分子中的巯基免遭 H_2O_2 氧化，从而使蛋白质或酶保持活性状态；而其自身被氧化成氧化型谷胱甘肽（GSSG），后者在谷胱甘肽还原酶的催化下，可再生成 GSH。此外，GSH 还有嗜核特性，能与外源的嗜电子毒物如致癌剂或药物等结合，阻断其与 DNA、RNA 或蛋白质结合，从而保护机体免受侵害。临床上可作为解毒、抗辐射和治疗肝病的药物。

（2）多肽类激素　体内有许多激素属寡肽或多肽，例如下丘脑-垂体-肾上腺皮质轴的促甲状腺素释放激素是三肽，可促进腺垂体分泌促甲状腺素；加压素和催产素均为九肽；促肾上腺皮质激素为三十九肽，它们在代谢调节、生长发育和繁殖等方面，起着重要的作用。

（3）神经肽　神经肽是一类在神经传导过程中起信号转导作用的肽类。较早发现的有脑啡肽（五肽）、内啡肽（三十一肽）和强啡肽（十七肽）等。它们与中枢神经系统产生的痛觉抑制有密切关系，在临床上被用于镇痛治疗。

四、蛋白质的分子结构

虽然组成人体蛋白质的氨基酸仅 20 种，但这 20 种氨基酸以不同的数量和顺序，通过肽键相连就可形成体内数量众多、结构各异、功能不同的蛋白质。1952 年丹麦科学家 K. U. Linderstrom-Lang 建议将蛋白质复杂的分子结构分成 4 个层次，即一级、二级、三级和四级结构。其中一级结构是蛋白质的基本结构，二、三、四级结构是蛋白质的空间结构（或称为空间构象），它们是蛋白质特有性质和功能的结构基础。但并非所有的蛋白质都有四级结构，由一条多肽链形成的蛋白质只有一级、二级和三级结构，由两条或两条以上多肽链形成的蛋白质才可能有四级结构。

（一）蛋白质的一级结构

蛋白质分子中，从 N-端到 C-端的氨基酸排列顺序称为蛋白质的一级结构。一级结构是蛋白质的基本结构，其主要化学键是肽键。此外，有些蛋白质还含有二硫键，即由两个半胱氨酸的巯基（-SH）脱氢氧化生成。蛋白质分子中所有二硫键的位置也属于一级结构的范畴。

1953 英国化学家 F. Sanger 完成了牛胰岛素一级结构的测定，这是世界上第一个被确定一级结构的蛋白质。它由两条多肽链组成，一条称为 A 链，由 21 个氨基酸残基构成；另一条称为 B 链，由 30 个氨基酸残基构成。两条多肽链通过 A7 和 B7、A20 和 B19 之间的两个二硫键连接起来，A 链中的 A6 和 A11 还形成了一个链内二硫键（图 1-1）。

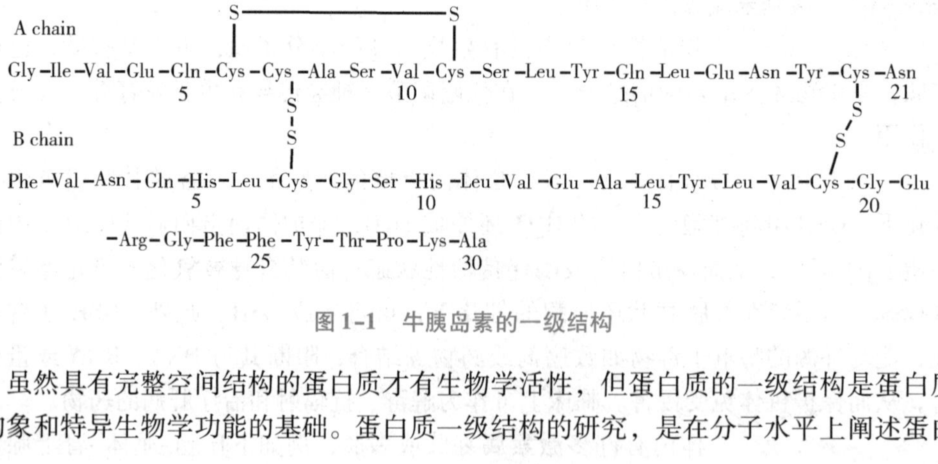

A chain

Gly-Ile-Val-Glu-Gln-Cys-Cys-Ala-Ser-Val-Cys-Ser-Leu-Tyr-Gln-Leu-Glu-Asn-Tyr-Cys-Asn

B chain

Phe-Val-Asn-Gln-His-Leu-Cys-Gly-Ser-His-Leu-Val-Glu-Ala-Leu-Tyr-Leu-Val-Cys-Gly-Glu

-Arg-Gly-Phe-Phe-Tyr-Thr-Pro-Lys-Ala

图 1-1　牛胰岛素的一级结构

虽然具有完整空间结构的蛋白质才有生物学活性，但蛋白质的一级结构是蛋白质空间构象和特异生物学功能的基础。蛋白质一级结构的研究，是在分子水平上阐述蛋白质结构与功能关系的基础。至今已有许多蛋白质的一级结构被测定，对揭示某些疾病的发病机制、指导疾病的治疗具有重要的意义。

（二）蛋白质的空间结构

蛋白质在一级结构的基础上，其多肽链在空间进行折叠和盘曲，从而形成特有的空间结构。依据范围不同，蛋白质的空间结构可分为二级、三级和四级结构。

1. 蛋白质的二级结构　是指蛋白质分子中某一段多肽主链的局部空间构象，即该段肽链主链骨架原子的相对空间位置，不涉及氨基酸残基的侧链构象。

蛋白质的二级结构是以肽单元（肽键平面）为基础形成的，维系二级结构最主要的作用力是主链内或主链间所形成的氢键。

（1）肽单元　1951 年，L. Pauling 和 R. B. Corey 应用 X 线衍射技术，发现参与组成肽键的 C、O、N、H 四个原子和与它们相邻的两个 α-碳原子（$C_{\alpha 1}$、$C_{\alpha 2}$）位于同一平面上，将此六个原子构成的平面，称为肽键平面，又称肽单元（图 1-2）。其中肽键的键长为 0.133nm，介于单键（0.149nm）和双键（0.127nm）之间，故有一定的双键性能，不能自由旋转，因此肽单元为一刚性平面。但是，由于 C_α 分别与亚氨基（N-H）和羰基（C＝O）相连的键是单键，可以自由旋转，因此肽单元随 α-碳原子两侧单键的旋转而构成的排布就成为二级结构的基础。

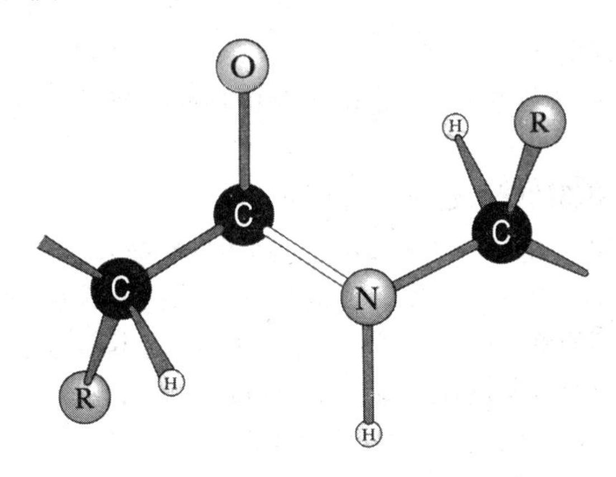

图 1-2　肽单元结构示意图

（2）蛋白质二级结构的主要形式　肽单元通过折叠、盘曲可形成四种二级结构的类型，分别是 α-螺旋、β-折叠、β-转角和无规则卷曲。其中 α-螺旋和 β-折叠是蛋白质二级结构的主要形式。

1）α-螺旋　α-螺旋是指多肽链以 α-碳原子为转折点，以肽单元为单位，按顺时针方向围绕中心轴盘曲而成的右手螺旋（图 1-3）。

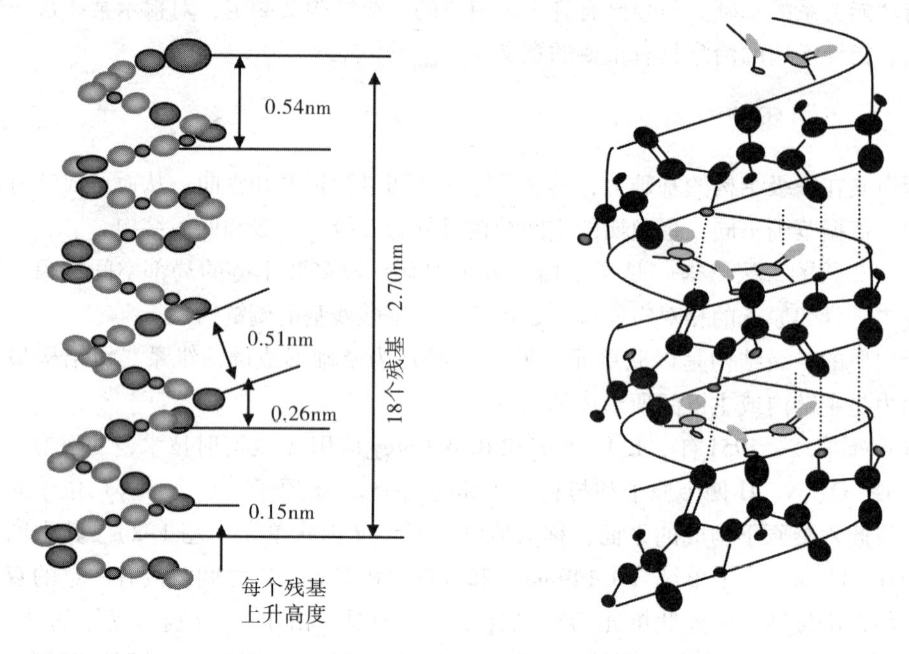

图 1-3 α-螺旋结构

α-螺旋结构的要点如下：

①蛋白质多肽链像螺旋一样盘曲上升，每3.6个氨基酸残基螺旋上升一圈，每圈螺旋的高度为0.54nm，每个氨基酸残基沿轴上升0.15nm。螺旋上升时，每个残基沿轴旋转100°。

②在同一肽链内相邻的螺圈之间形成氢键。

③α-螺旋有右手螺旋和左手螺旋之分，天然蛋白质绝大部分是右手螺旋。

2）β-折叠 β-折叠也称为β片层（图1-4），为一种比较伸展、呈锯齿状的肽链折叠结构，氨基酸残基的侧链基团分别交替位于锯齿状结构的上下方。折叠可由一条多肽链折返而成，也可以由两条及以上多肽链顺向或反向平行排列而成；相邻肽链的肽键的亚氨基氢与羰基氧形成链间氢键，以使结构稳定，氢键的方向与折叠的长轴垂直。

β-折叠结构具有下列特征：

①肽链的延伸使肽键平面之间一般折叠成锯齿状。

②在β-折叠中所有的肽键都参与链间氢键的交联，氢键与肽链的长轴接近垂直（反平行β-折叠结构），平行β-折叠结构则不垂直。在肽链的长轴方向具有重复单位，重复周期在反向平行式中为0.7nm，而在平行式中为0.65nm，每个氨基酸上升的高度为0.35nm。

③肽链平行排列，相邻肽链之间肽键相互形成许多氢键，是维持这种结构的主要次级键。

④肽链中R侧链基团分布在片层的上下。

3）β-转角 转角通常发生在肽链进行180°回折时的转角上，由4个氨基酸残基构成，第1个氨基酸残基的羰基氧与第4个氨基酸残基的亚氨基氢形成氢键，以维持该构

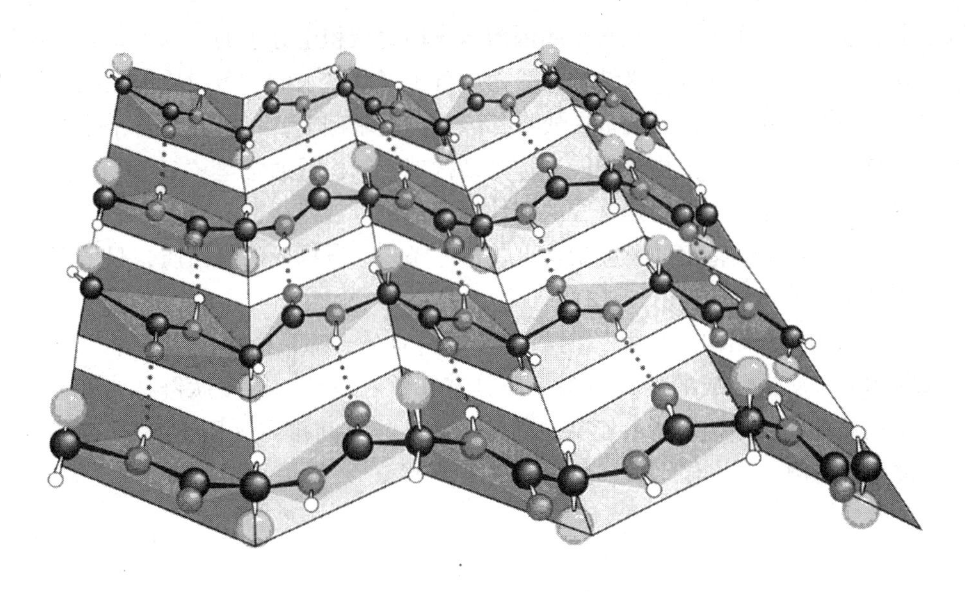

图 1-4　β-折叠

象的稳定（图 1-5）。转角的结构较为特殊，第二个氨基酸残基常为脯氨酸。

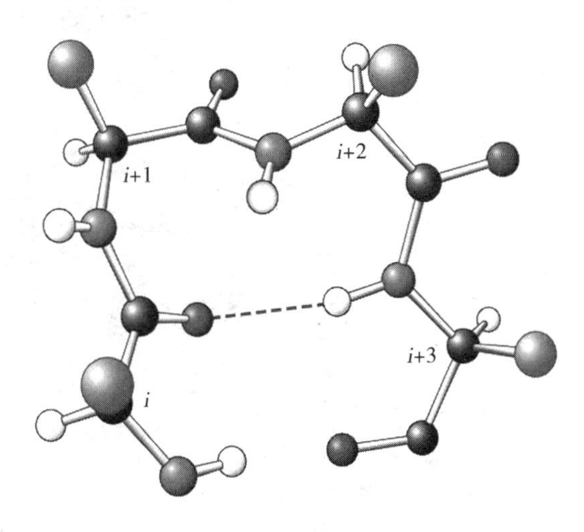

图 1-5　β-转角

4）无规则卷曲　无规则卷曲是指没有确定规律性的那部分肽链结构，但许多蛋白质的功能部位常常埋伏在这里。

蛋白质二级结构是以一级结构为基础的。一段肽链其氨基酸残基的侧链适合形成螺旋、折叠或转角，就会出现相应的二级结构。一种蛋白质分子中可形成多种二级结构。

2. 蛋白质的三级结构　蛋白质分子在二级结构的基础上进一步盘曲、折叠，从而形成三级结构（图 1-6）。蛋白质的三级结构是指整条肽链中全部氨基酸残基的相对空间位置，即整条肽链中所有原子在三维空间的排布，包括主链和侧链的空间结构。

蛋白质三级结构形成和稳定的主要化学键是多肽链侧链基团之间相互作用形成的次级键，如疏水作用力、离子键、氢键、范德华力等。其中疏水作用力是维持蛋白质三级结构稳定的最主要的作用力。疏水基团因疏水作用力聚积于分子的内部，亲水基团则多分布于分子表面，因此具有三级结构的蛋白质分子多是亲水的。蛋白质的三级结构具有明显的折叠层次。分子量较大的蛋白质在二级结构的基础上，可折叠成若干个结构较为紧密的区域，执行不同的生物学功能，称为结构域。结构域通常呈“口袋”“缝隙”等形状，例如酶的活性中心、受体分子的配体结合部位等功能活性部位。多肽链特定的氨基酸排列顺序决定了其特定的三级结构，仅由一条多肽链构成的蛋白质，只要形成了三级结构即可具有生物学活性。

3. 蛋白质的四级结构 生物体内的许多蛋白质分子都是由两条或两条以上具有独立三级结构的多肽链组成的，其中每一条具有完整三级结构的多肽链称为亚基（subunit）。蛋白质的四级结构是指各亚基之间特定的三维空间排布（图 1-6）。亚基之间以非共价键相连，例如疏水作用力、氢键和离子键等。

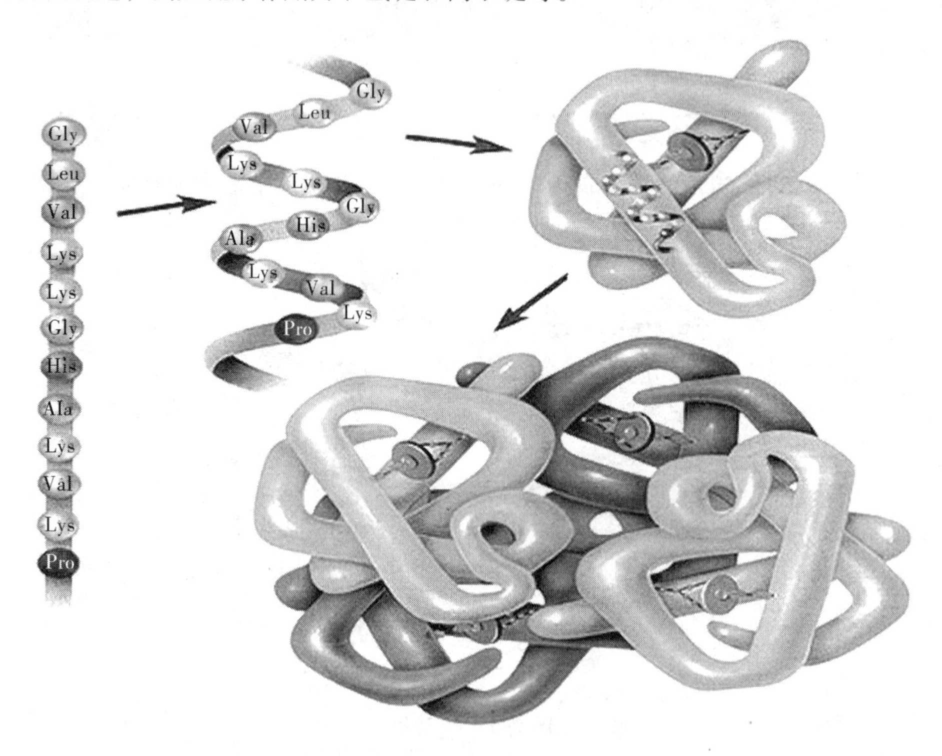

图 1-6 蛋白质的一、二、三、四级结构示意图

含有四级结构的蛋白质，单独的亚基没有生物学活性，只有各亚基聚合成完整的四级结构，蛋白质才具有生物学活性。亚基的缔合与解离对实现蛋白质的功能，特别是细胞内一些复杂的功能具有重要的意义。含有 10 个以下亚基的称为寡聚体，含有 10 个以上亚基的称为多聚体。由 2 个亚基组成的蛋白质，如果亚基分子结构相同，称为同二聚体，若亚基分子结构不同，称为异二聚体。

五、蛋白质结构与功能的关系

蛋白质的功能与其特定结构关系密切，蛋白质的一级结构决定其空间结构，而特定的空间结构是蛋白质具有生物活性的保证，并进一步决定蛋白质的功能。蛋白质分子结构的细微改变都可能会导致蛋白质功能的改变或丧失。但只要蛋白质的一级结构未被破坏，它就可能恢复原来的空间结构，功能也会随之恢复。蛋白质的空间结构处在动态的、特定的变化中，并在变化中发挥着不同的功能。

（一）蛋白质一级结构与功能的关系

1. 一级结构不同，生物学功能各异　加压素与催产素都是由垂体后叶分泌的九肽激素，它们的分子中仅有 2 个氨基酸的差异，但两者的生物学功能却有本质的区别。加压素能促进血管收缩，升高血压及促进肾小管对水分的重吸收，表现为抗利尿作用；而催产素则能刺激平滑肌，引起子宫收缩，表现为催产功能。其两者的结构如下：

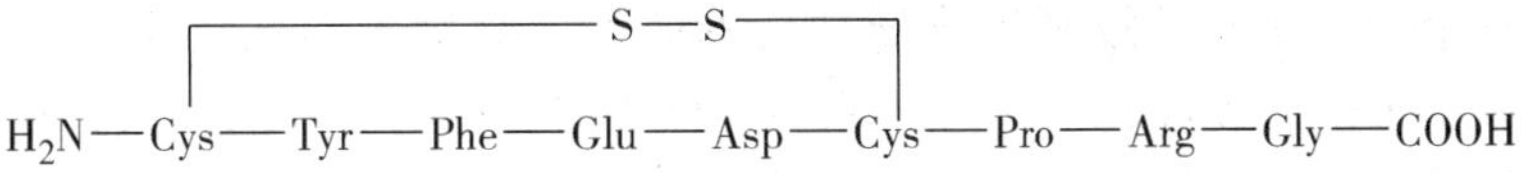

S—S（Cys1—Cys6）

H_2N—Cys—Tyr—Phe—Glu—Asp—Cys—Pro—Arg—Gly—COOH

加压素

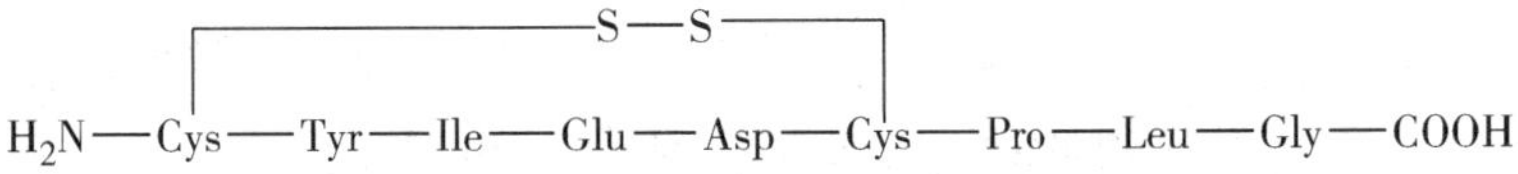

S—S（Cys1—Cys6）

H_2N—Cys—Tyr—Ile—Glu—Asp—Cys—Pro—Leu—Gly—COOH

催产素

2. 一级结构中“关键部分”相同，功能也相同　不同来源的胰岛素都是由 A 链（21 个氨基酸）和 B 链（30 个氨基酸）组成，其氨基酸的种类和顺序不完全相同，但都具有同样的降血糖的作用。对胰岛素的一级结构的研究发现，组成胰岛素的 51 个氨基酸中，有 22 个氨基酸残基恒定不变，其中多数为带有疏水侧链的非极性氨基酸，分子中 6 个半胱氨酸的数量和排列位置也恒定不变。这些结果表明，那些恒定不变的氨基酸和形成三对二硫键的半胱氨酸是维持胰岛素分子空间构象的“关键”部分，而那些可变的氨基酸残基对形成和稳定胰岛素分子的空间构象不起决定作用，故不影响其生物活性。

3. 一级结构“关键”部分变化，其生物学活性也改变或丧失　促肾上腺皮质激素（ACTH）由 39 个氨基酸残基组成，不同种属动物的 ACTH，其 N－端 1～24 的氨基酸残基相同，若切去 25～39 片段，余下 1～24 肽仍具有全部活性，若在 N－末端切去一个氨基酸，反而会使活性明显降低。这表明 1～24 肽是 ACTH 的“关键”部分。也提示我们，用化学法合成 ACTH 时，只需合成有活性的 24 肽即可，不必合成 39 肽。

4. 一级结构的变化与疾病的关系　基因的突变可导致蛋白质一级结构的变化，使蛋白质的生物学功能降低或丧失，甚至可引起生理功能的改变而发生疾病。突出的例子如镰刀型贫血病，就是由于病人的血红蛋白分子（用 Hb-S 表示）与正常人的血红蛋白分子（用 Hb-A 表示）相比，在 574 个氨基酸中出现了两个氨基酸的差异而引起。正常人 Hb-A 的 β-链第 6 位是谷氨酸，而患者的 Hb-S 的 β-链的第 6 位是缬氨酸。

Hb-A β-链：Val-His-Leu-Thr-Pro-Glu-Glu-Lys…

Hb-S β-链：Val-His-Leu-Thr-Pro-Val-Glu-Lys…

仅仅由于这一点微细的差别，就使患者的红细胞在氧气缺乏时呈镰刀状，易胀破发生溶血，载氧机能降低，引起头昏、胸闷等贫血症状。这种分子水平上的微观差异而导致的疾病，称为分子病。当然，并非蛋白质分子一级结构中的每个氨基酸都很重要，如细胞色素 C 分子中某些位点即使置换数十个氨基酸残基，其功能依然不变。

（二）蛋白质空间结构与功能的关系

空间结构是蛋白质功能的基础，体内各种蛋白质都有特殊的生物学功能，这与其空间构象有着密切的关系。

1. 蛋白质的变构现象 一些蛋白质由于受某些因素的影响，其一级结构不变而空间构象发生一定的变化，导致其生物学功能的改变，称为蛋白质的变构效应或别构效应。变构现象是蛋白质表现其生物学功能的一种普遍而十分重要的现象，也是调节蛋白质生物学功能的极有效的方式。例如肌红蛋白和血红蛋白的结构与功能的关系，肌红蛋白（Mb）与血红蛋白（Hb）都是含有血红素辅基的蛋白质，所以 Hb 与 Mb 一样能可逆地与 O_2结合，这表明空间构象是蛋白质功能的基础，相似的空间结构有相似的功能。

由于 Mb 与 Hb 空间结构上有所不同，因此，两者与 O_2结合的特性是有差异的。Mb 易与 O_2结合，Hb 在 O_2分压很低时，较难与 O_2结合。Hb 是由两个 α 亚基和两个 β 亚基组成的四聚体，每个亚基都含有一个血红素，每个血红素分子中含有的铁（Fe^{2+}）都能与一个 O_2结合，其功能是运输 O_2。在肺部毛细血管，O_2分压高，当 Hb 的一个 α 亚基与一个 O_2结合后，其空间构象发生变化，使与其相邻亚基的空间构象也随之改变，与 O_2的亲和力加强，易于与 O_2结合，这种效应属于正协同效应。在全身组织的毛细血管，O_2分压低，而 CO_2和 H^+的浓度高，CO_2和 H^+与 HbO_2结合后，HbO_2的空间构象发生变化，四个亚基的结合变得紧密，将所携带的 O_2 “挤” 掉，即 O_2从 HbO_2中释放出来，供组织利用。这种调节机制充分说明蛋白质的空间结构与功能有着密切的关系。

2. 蛋白质构象改变与疾病 在生物体内蛋白质合成后的加工修饰过程中，多肽链的正确折叠对其空间构象的形成和生物学功能的发挥至关重要。若蛋白质的折叠发生错误，尽管其一级结构不变，但蛋白质的空间结构发生改变，就会影响其功能，严重时可导致疾病的发生。如人纹状体脊髓变性病、老年痴呆症、亨廷顿舞蹈病和疯牛病等。

第二节 蛋白质的分类及功能

一、蛋白质的分类

（一）根据蛋白质组成分类

根据蛋白质分子组成的特点，可将蛋白质分为单纯蛋白质和结合蛋白质两大类。

1. 单纯蛋白质 其分子组成中仅含有氨基酸，称为单纯蛋白质。如清蛋白、球蛋白、组蛋白和精蛋白等。

2. 结合蛋白质 结合蛋白质包括蛋白质部分和非蛋白质部分，如糖蛋白、核蛋白、脂蛋白、磷蛋白等。其非蛋白质部分称为辅基，绝大部分辅基通过共价键与蛋白质部分相连。构成蛋白质辅基的种类很多，常见的有糖类、脂类、磷酸、金属离子、色素化合物和核酸等。

（二）根据蛋白质形状分类

根据分子形状的不同，将蛋白质分子分为球状蛋白质和纤维状蛋白质两大类。

1. 纤维状蛋白质 其分子长轴的长度比短轴长 10 倍以上。多数为结构蛋白质，较难溶于水，作为细胞坚实的支架或连接各细胞、组织和器官。如角蛋白、胶原蛋白和弹性蛋白等。

2. 球状蛋白质 其形状近似于球形或椭圆形，多数可溶于水。许多具有生理活性的蛋白质如转运蛋白、抗体、血红蛋白、酶和免疫球蛋白等都属于球状蛋白质。

二、蛋白质的主要功能

蛋白质是生命的物质基础，是组织细胞的重要组成成分，个体的生长、繁殖，组织细胞的更新、修复都要从膳食中摄取足够量的优质蛋白质。蛋白质是人体极为重要的营养素，每日的需要量又较多（70～75g 干重），对于保证机体组织细胞的正常代谢及生理功能具有重要作用。

（一）维持组织细胞的生长、更新和修复

蛋白质是细胞的主要组成成分。人体各组织细胞的蛋白质经常不断地更新，成年人也必须每日摄入足够量的蛋白质，才能维持其组织的更新。在组织受创伤时，则须供给更多的蛋白质作为修补的原料。为保证儿童的健康成长，对生长发育期的儿童、孕妇提供足够量优质的蛋白质尤为重要。

人体内各种组织细胞的蛋白质始终在不断更新。例如人血浆蛋白质的半衰期约为 10 天，肝中大部分蛋白质的半衰期为 1～8 天，还有一些蛋白质的半衰期很短，只有数秒。只有摄入足够的蛋白质方能维持组织的更新。身体受伤后也需要大量蛋白质作为修复材料。成人体内每天约有 3% 的蛋白质更新，借此完成组织的修复更新。

（二）参与多种重要的生理活动

1. 维持机体正常的新陈代谢和各类物质在体内的输送 载体蛋白对维持人体的正常生命活动至关重要，可以在体内运载各种物质。比如血红蛋白输送氧（红细胞更新速率 250 万/秒）、脂蛋白输送脂肪、细胞膜上的受体，还有转运蛋白等。

2. 调节渗透压 正常人血浆和组织液之间的水分不断交换并保持平衡。血浆中蛋白质的含量对保持平衡状态起着重要的调节作用。如果膳食中长期缺乏蛋白质，血浆中

蛋白质含量就会降低，血液中的水分便会过多地渗入到周围组织，出现营养性水肿。

3. 免疫防御功能 体液中的免疫球蛋白（抗体）参与机体的体液免疫。

4. 生物催化作用 蛋白质构成人体必需的数千种酶，酶对体内的生化反应有强大的催化作用。人体细胞里每分钟要进行一百多次生化反应，相应的酶充足，反应就会顺利、快捷的进行。否则，反应就变慢或者受阻，影响人体健康。

5. 生理调节功能 蛋白质是合成激素的主要原料，胰岛素是由51个氨基酸分子合成；生长素是由191个氨基酸分子合成。

（三）氧化供能

每克蛋白质在体内氧化分解可产生17.9kJ（4.3kcal）的能量，作为体内能量的来源之一。正常成人每日有10%～15%的能量来自蛋白质分解。蛋白质的这种功能可由糖和脂肪代替，是蛋白质的次要功能。饥饿时，组织蛋白分解增加，每输入100g葡萄糖约节约50g蛋白质的消耗，因此，对不能进食的消耗性疾病患者应注意葡萄糖的补充，以减少组织蛋白的消耗。

第三节　蛋白质的结构与理化性质的关系

一、蛋白质基本的理化性质

蛋白质是由氨基酸组成，其理化性质与氨基酸相同或相关，例如两性解离及等电点、紫外吸收性质及呈色反应等。但蛋白质又是生物大分子，还具有胶体性质、沉淀、变性和凝固等理化性质。

（一）蛋白质的两性解离和等电点

蛋白质分子除多肽链两端的游离α-氨基和α-羧基可解离外，氨基酸残基侧链中某些基团，如羧基、氨基、酚羟基、咪唑基、胍基等，在一定溶液的pH条件下，都可解离成带负电荷或正电荷的基团。由于蛋白质分子中既含有能解离出H^+的酸性基团，又有能结合H^+的碱性基团，因此蛋白质分子为两性电解质。当蛋白质溶液处于某一pH时，蛋白质解离成正、负离子的趋势相等，即成为兼性离子，净电荷为零，此时溶液的pH称为蛋白质的等电点（pI）。

1. 两性解离 当蛋白质溶液的$pH > pI$时，该蛋白质颗粒带负电荷，成为阴离子，在电场中向阳极移动；当蛋白质溶液的$pH < pI$时，该蛋白质颗粒带正电荷，成为阳离子，在电场中向阴极移动；当蛋白质溶液的$pH = pI$时，该蛋白质颗粒不带电，在电场中不移动。

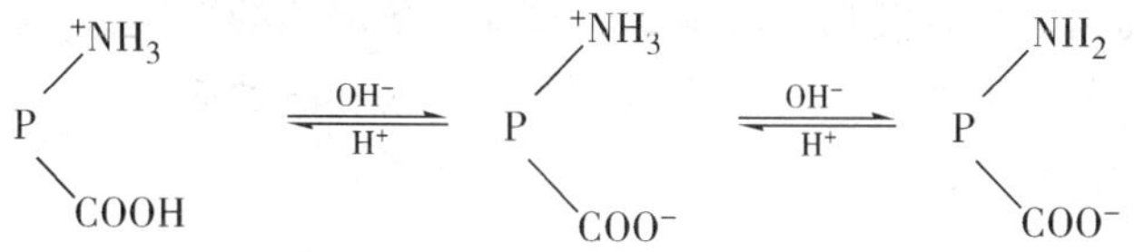

$$P(^{+}NH_3)(COOH) \underset{H^+}{\overset{OH^-}{\rightleftharpoons}} P(^{+}NH_3)(COO^-) \underset{H^+}{\overset{OH^-}{\rightleftharpoons}} P(NH_2)(COO^-)$$

蛋白质的阳离子	蛋白质的兼性离子（等电）	蛋白质的阴离子
（pH < pI）	（pH=pI）	（pH > pI）
移向阴极	不移动	移向阴极

体内各种蛋白质的等电点不同，但大多数接近于 pH 值 5.0。因此，在人体体液 pH 值 7.4 的环境中，大多数蛋白质可解离成阴离子。少数蛋白质因含有较多的碱性氨基酸，等电点偏碱性，如组蛋白、鱼精蛋白等，称为碱性蛋白质；有少量的蛋白质因含有较多的酸性氨基酸，其等电点偏酸，如胃蛋白酶等，称为酸性蛋白质。

由于组成蛋白质的氨基酸种类、数量不同，蛋白质的等电点也各不相同。在同一 pH 条件下，不同蛋白质所带净电荷的性质及电荷量不同。因此，利用蛋白质两性解离的性质，可将不同蛋白质通过电泳、层析等方法分离、纯化。

2. 电泳 蛋白质颗粒在溶液中解离成带电的颗粒，在直流电场中向其所带电荷相反的电极移动。这种大分子化合物在电场中定向移动的现象称为电泳。蛋白质电泳的方向、速度主要决定于其所带电荷的正负性、电荷数以及分子颗粒的大小。

蛋白质混合液中，各种蛋白质的分子量不同，因而在电场中移动的方向和速度也各不相同。根据这一原理，可以从混合液中将各种蛋白质分离开来。因此电泳法通常用于实验室、生产或临床诊断来分析分离蛋白质混合物或作为蛋白质纯度鉴定的手段。

如将蛋白质溶液点在浸了缓冲液的支持物上进行电泳，不同组分形成带状区域，称为区带电泳。其中用滤纸做支持物的称纸上电泳。这种方法比较简便，为一般实验室所采用。近年来，用醋酸纤维薄膜作支持物进行电泳，速度快，分析效果好，定量比较准确，已逐渐取代纸上电泳。

（二）胶体性质

蛋白质属于生物大分子，分子量在一万至数十万，其分子的直径可达 1 ~ 100nm，属胶粒范围，故蛋白质具有胶体性质。

蛋白质颗粒表面大多为亲水基团，可吸引水分子，并在其表面形成一层水化膜，从而阻断蛋白质颗粒间的相互聚集，防止蛋白质从溶液中沉淀析出。此外，在非等电点状态下，蛋白质颗粒表面带有一定量的相同电荷，由于同性电荷相互排斥，也使得蛋白质颗粒不能聚集。因此，蛋白质分子表面的水化膜和表面电荷是蛋白质胶体溶液稳定的两个重要因素。若去掉其水化膜，中和表面电荷，蛋白质就极易从溶液中沉淀。

蛋白质分子颗粒很大，不易透过半透膜。当蛋白质溶液中混有小分子物质时，可选用孔径不同的半透膜（透析袋）分离蛋白质。将此溶液放入透析袋中，置于蒸馏水或适宜的缓冲液中，小分子物质从袋中逸出，蛋白质得以纯化。这种利用半透膜把大分子蛋白质与小分子物质分离的方法叫透析。

人体的细胞膜、线粒体膜和微血管壁等都具有半透膜的性质，从而有助于体内各种蛋白质有规律地分布于膜内外，对维持细胞内外的水和电解质平衡以及血管内外的水平衡均具有重要的生理意义。

（三）蛋白质变性

1. 概念 天然蛋白质分子由于受各种物理和化学因素的影响，有序的空间结构被破坏，致使蛋白质的理化性质和生物学性质都有所改变，但并不导致蛋白质一级结构的破坏，这种现象称为蛋白质的变性作用。变性的蛋白质叫作变性蛋白质，变性蛋白质的分子量不变。

2. 变性因素

（1）物理因素 如加热、紫外线照射、X 射线照射、超声波、高压、剧烈摇荡、搅拌、表面起泡等。

（2）化学因素 如强酸、强碱、尿素、重金属盐、三氯醋酸、乙醇、胍、表面活性剂、生物碱试剂等，都可引起蛋白质的变性。

3. 变性的原因 蛋白质变性的原因包括以下几个方面：

（1）蛋白质分子的次级键破坏，致使其空间结构发生变化。

（2）蛋白质的结构发生扭转，使疏水基团暴露在分子表面。

（3）活泼基团，如-COOH、-OH、$-NH_2$等与某些化学试剂发生反应。

4. 变性蛋白质的性质 变性蛋白质与天然蛋白质有明显的不同，主要表现在：

（1）理化性质发生了变化 如旋光性改变，溶解度降低，黏度增加，光吸收性质增强，结晶性破坏，渗透压降低，易发生凝集、沉淀。由于侧链基团外露，颜色反应也增强了。

（2）生化性质发生了变化 变性蛋白质比天然蛋白质易被蛋白酶水解。因此，蛋白质煮熟食用比生吃更容易消化。

（3）生物活性丧失 这是蛋白质变性的最重要的明显标志之一。例如酶变性失去催化作用，血红蛋白失去运输氧的功能，胰岛素失去调节血糖的生理功能，抗体失去免疫功能等。

5. 变性的可逆性 蛋白质变性随其性质和程度的不同，有可逆的，有不可逆的，如胰蛋白酶加热及血红蛋白加酸等变性作用，在轻度时为可逆变性。若蛋白质变性程度较轻，去除变性因素后，仍可恢复原有的空间构象和功能，称为蛋白质的复性。如果变性后的蛋白质不能复性，称为不可逆变性。

6. 蛋白质变性作用的临床意义 临床上，变性因素常被应用于消毒及灭菌，如采用75%的乙醇、高温、高压和紫外线等措施可使病原微生物的蛋白质变性，失去致病性和繁殖能力。在保存血清、疫苗、抗体等生物制品时，应当在低温条件下，避免剧烈振荡、强光照射及强酸、强碱、重金属的污染，以防止蛋白质变性失活。此外，蛋白质变性的应用还有临床化验时常用钨酸、三氯乙酸沉淀蛋白质，制备无蛋白血滤液；采用热凝法检查尿蛋白。

（四）蛋白质的紫外吸收性质

蛋白质分子中常含酪氨酸和色氨酸残基，这两种氨基酸分子中均具有共轭双键，在280nm波长处有特征吸收峰，以色氨酸吸收最强。在此波长处的蛋白质光吸收值（OD280）与其浓度呈正比关系，利用这个性质，可以对蛋白质进行定性鉴定。

（五）蛋白质的呈色反应

蛋白质的颜色反应，可以用来定性、定量测定蛋白质。

1. 双缩脲反应 蛋白质溶液中加入NaOH或KOH及少量的硫酸铜溶液，会显现从浅红色到蓝紫色的一系列颜色反应。这是由于蛋白质分子中肽键结构的反应，肽键越多产生的颜色越红。所谓双缩脲是指两分子尿素加热到180℃脱氨缩合的产物，此化合物也具有同样的颜色反应，蛋白质分子中含有许多和双缩脲结构相似的肽键，所以称蛋白质的反应为双缩脲反应。通常可用此反应来定性鉴定蛋白质，也可根据反应产生的颜色在540nm处进行比色分析，定量测定蛋白质的含量。

2. 硝化反应 加浓硝酸于蛋白质溶液中即有白色沉淀生成，再加热则变黄，遇碱则使颜色加深而呈橙黄。这是由于蛋白质中含有酪氨酸、苯丙氨酸及色氨酸，这些氨基酸具有苯基，而苯基与浓硝酸起硝化作用，产生黄色的硝基取代物，遇到碱又形成盐，后者呈橙黄色的缘故。皮肤接触到硝酸变成黄色，也是这个道理。

3. 乙醛酸反应 蛋白质溶液中加入乙醛酸，混合后，缓慢地加入浓硫酸，硫酸沉在底部，液体分为两层，在两层界面处出现紫色环，这是蛋白质中的色氨酸与乙醛酸反应引起的颜色反应，故此法可用于检查蛋白质中是否含有色氨酸。

4. 米伦反应 含有酪氨酸的蛋白质溶液，加入米伦试剂（硝酸汞、亚硝酸汞、硝酸及亚硝酸的混合液）后加热即显砖红色反应，此系米伦试剂与蛋白质中酪氨酸的酚羟基发生反应之故。

表1-2 蛋白质的重要颜色反应

反应名称	试剂	颜色	反应基团	相关蛋白质
双缩脲反应	稀碱、稀 $CuSO_4$	粉红→蓝紫色	两个以上肽键	各种蛋白质
硝化反应	浓硝酸	黄→橙黄色	苯基	含苯基的蛋白质
乙醛酸反应	乙醛酸、浓 H_2SO_4	紫色	吲哚基	含色氨酸的蛋白质
米伦反应	米伦试剂	砖红色	酚羟基	含酪氨酸的蛋白质

二、蛋白质沉淀的方法

（一）概念

蛋白质胶体溶液的稳定性决定于其颗粒表面的水化膜和电荷，当这两个因素遭到破坏后，蛋白质溶液就失去稳定性，并发生凝聚作用，沉淀析出，这种作用称为蛋白质的沉淀作用。

蛋白质的沉淀作用在理论上和实际应用均有一定的意义，一般为达到两种不同的目的：第一，为了分离制备有活性的天然蛋白制品。第二，为了从制品中除去杂蛋白，或者制备失去活性的蛋白质制品。

蛋白质的沉淀作用有两种类型：

1. 可逆沉淀 蛋白质结构和性质都没有发生变化，在适当的条件下，可以重新溶解形成溶液，所以这种沉淀又称为非变性沉淀。一般是在温和条件下，通过改变溶液的pH或电荷状况，使蛋白质从胶体溶液中沉淀分离。可逆沉淀是分离和纯化蛋白质的基本方法，如等电点沉淀法、盐析法和有机溶剂沉淀法等。

2. 不可逆沉淀 在蛋白质的沉淀过程中，产生的蛋白质沉淀不可能再重新溶解于水，强烈的沉淀条件下，不仅破坏了蛋白质胶体溶液的稳定性，而且也破坏了蛋白质的结构和性质。由于沉淀过程发生了蛋白质的结构和性质的变化，所以又称为变性沉淀。

（二）生产上常用的几种沉淀蛋白质方法

1. 用中性盐沉淀蛋白质 分离提取蛋白质常用硫酸铵［$(NH_4)_2SO_4$］、硫酸钠（Na_2SO_4）、氯化钠（NaCl）、硫酸镁（$MgSO_4$）等中性盐来沉淀蛋白质，这种沉淀蛋白质的方法叫盐析法。

有的蛋白质溶液中同时含有几类不同的蛋白质，由于不同类的蛋白质产生沉淀所需要的盐的浓度不一样，因而可以用不同浓度的盐把几类混合在一起的蛋白质分段沉淀析出而加以分离，这种方法称为分段盐析。

实例分析：血清中加硫酸铵至50%饱和度，则球蛋白先沉淀析出；继续再加硫酸铵至饱和，则清蛋白（白蛋白）沉淀析出。盐析法在实践中得到了广泛应用，微生物发酵生产酶制剂就是采用盐析法的作用原理，从发酵液中把目的酶分离提取出来。

2. 用水溶性有机溶剂沉淀蛋白质 甲醇（CH_3OH）、乙醇（CH_3CH_2OH）、丙酮（CH_3COCH_3）等有机溶剂是良好的蛋白质沉淀剂。因其与水的亲和力比蛋白质强，故能迅速而有效地破坏蛋白质胶体的水膜，从而使蛋白质溶液的稳定性大大降低。但一般都要与等电点法配合，即pH调至等电点，然后再加有机溶剂破坏水膜，则蛋白质沉淀效果更好。

在对蛋白质的影响方面，与盐析法不同。有机溶剂长时间作用于蛋白质会引起变性。因此，用这种方法进行操作时需要注意：

（1）低温操作 提取液和有机溶剂都需要事先冷却。向提取液中加入有机溶剂时，要边加边搅拌，防止局部过热，引起变性。

（2）有机溶剂与蛋白质接触时间不能过长 在沉淀完全的前提下，时间越短越好，要及时分离沉淀，除去有机溶剂。

有机溶剂沉淀蛋白质在生产实践和科学实验中应用很广，例如食品级的酶制剂的生产、中草药注射液和胰岛素的制备大都用有机溶剂分离沉淀蛋白质。

3. 用重金属盐沉淀蛋白质　重金属盐中的硝酸银（$AgNO_3$）、氯化汞（$HgCl_2$）、醋酸铅［$Pb(CH_3COO^-)_2$］、三氯化铁（$FeCl_3$）是蛋白质的沉淀剂。其沉淀作用的反应式如下：

$$P\begin{cases}COO^-\\NH_3^+\end{cases}\xrightarrow{OH^-}P\begin{cases}COO^-\\NH_2\end{cases}\xrightarrow{Ag^+}P\begin{cases}COOAg\\NH_2\end{cases}\downarrow$$

金属-蛋白质复合物

实例分析：医疗工作中常用汞试剂的稀水溶液消毒灭菌。服用大量富含蛋白质的牛乳或鸡蛋清用于解除重金属中毒。

4. 用生物碱试剂沉淀蛋白质　单宁酸、苦味酸、磷钨酸、磷钼酸、鞣酸、三氯醋酸及水杨磺酸等，亦是蛋白质的沉淀剂。这是因为这些酸的带负电荷基团与蛋白质带正电荷基团结合而发生不可逆沉淀反应的缘故。生化检验工作中，常用此类试剂沉淀蛋白质。

$$P\begin{cases}COO^-\\NH_3^+\end{cases}\xrightarrow{H^+}P\begin{cases}COOH\\NH_3^+\end{cases}\xrightarrow{Cl_3CCOO^-}P\begin{cases}COOH\\NH_3^+\cdot{}^-OOC-CCl_3\end{cases}$$

蛋白质复合盐

5. 热凝固沉淀蛋白质　蛋白质受热变性后，在有少量盐类存在或将 pH 调至等电点，则很容易发生凝固沉淀。原因是变性蛋白质的空间结构解体，疏水基团外露，水膜破坏，同时由于等电点破坏了带电状态等而发生絮凝沉淀。

以上介绍的五种方法中，后三种在发生沉淀的同时，蛋白质随之变性失活。因此，它们的使用场合与前两种不同。

课堂互动

大家说一说，下列哪些现象是利用了蛋白质的变性？①利用过氧乙酸杀灭“SARS”病毒；②碘酒对伤口消毒；③蒸煮鸡蛋；④腌制松花皮蛋。

第四节　氨基酸代谢

一、氨基酸的来源和去路

经消化，蛋白质分解为氨基酸形式吸收入血，构成血液氨基酸，后者与体内组织蛋白质分解产生的氨基酸以及体内合成的氨基酸混为一体，分布于体液中，共同组成氨基酸代谢库（或称氨基酸代谢池）。正常情况下，氨基酸代谢库中氨基酸的来源和去路维持动态平衡。

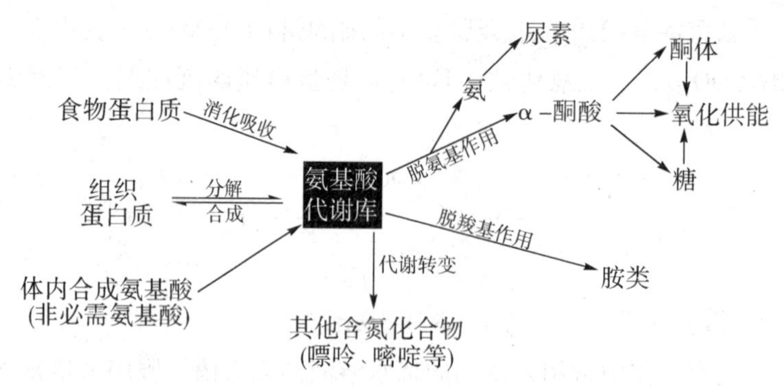

1. 氨基酸的来源 人体内氨基酸的主要来源有三条途径：①食物中的蛋白质消化吸收。食物蛋白质在经过一系列消化酶的催化水解后，以氨基酸或寡肽的形式被机体吸收利用。②组织蛋白质分解释放。新陈代谢是生命的基本特征，人体的蛋白质不断进行合成和分解，氨基酸是分解的主要产物。③体内代谢过程中合成的某些非必需氨基酸。氨基酸的转氨基作用在转氨基酶的催化下合成非必需氨基酸。

2. 氨基酸的去路 氨基酸主要有以下几个方向的去路：①合成组织蛋白质。人体必须经常补充足够量的蛋白质才能维持正常的生理活动，所以合成组织蛋白质是氨基酸的主要去路。②氧化分解释放能量。氨基酸脱去氨基后转化生成的α-酮酸可被氧化为水和二氧化碳，并释放能量。③转变为各种有特殊生理功能的含氮化合物，如核酸、激素、神经递质等。④某些氨基酸转变为糖或脂肪。

二、体内氨基酸的动态平衡

1. 氮平衡 人体对蛋白质的需要量是根据氮平衡试验来确定的。氮平衡是指摄入蛋白质的含氮量与排泄物中含氮量之间的关系，可反映体内蛋白质合成与分解的概况。由于食物中的含氮化合物主要是蛋白质，而且蛋白质的含氮量恒定，平均为16%，测定食物中的氮量可反映机体蛋白质的摄入量。排出的氮量主要指蛋白质的分解终产物的含氮量，故测定排出的氮量可反映组织蛋白质的分解量。因此氮平衡可反映机体蛋白质每日代谢（进出）状况。具体有以下三种情况：

（1）总氮平衡 摄入的氮量等于排出的氮量，称为氮的总平衡，表明体内蛋白质合成量与分解量处于动态平衡。常见于正常成人的蛋白质代谢情况，即摄入的蛋白质基本用来维持组织蛋白质的更新。

（2）正氮平衡 摄入的氮量大于排出的氮量，称为氮的正平衡，表明体内蛋白质合成量大于分解量。常见于婴幼儿、儿童、青少年、孕妇、乳母及恢复期的患者，即摄入的蛋白质除了补充已消耗的组织蛋白质外，还合成了新的组织蛋白质，用于机体的生长、发育和组织的修复。

（3）负氮平衡 摄入的氮量小于排出的氮量，称为氮的负平衡，表明体内蛋白质合成量小于分解量。常见于长期饥饿、营养不良、慢性消耗性疾病和肿瘤晚期的患者，即摄入的蛋白质不足以补充已消耗的组织蛋白质。

2. 蛋白质的营养价值 根据氮平衡试验获得，成人每日最低分解蛋白质约20g，考虑到食物蛋白质不能全部被吸收利用，故成人每日最低生理需要量为 30～50g。综合考虑到摄入动物、植物蛋白质的比例以及劳动强度的关系，为了保持长期的氮的总平衡，我国营养学会推荐成人每日蛋白质需要量为 80g。

由于各种食物蛋白质所含的氨基酸，从种类、含量和比例方面与组织蛋白质都有一定差异，进入体内的氨基酸不能全部被用于合成组织蛋白质，因此不同的食物蛋白质就有不同的利用率，利用率愈高的，对人体的营养价值就愈高。食物蛋白质的营养价值的高低取决于其所含营养必需氨基酸的种类、数量和比例。食物蛋白质中所含营养必需氨基酸的种类、数量和比例越与人体组织蛋白质相接近，其蛋白质利用愈高，营养价值就愈高；反之，则愈低。通常，动物蛋白质的营养价值高于植物蛋白质。

（1）营养必需氨基酸　从营养学角度，氨基酸可分为营养必需氨基酸和非营养必需氨基酸。组成蛋白质的 20 种氨基酸中有 8 种是人体自身不能合成，必须由食物蛋白质供给的，称为营养必需氨基酸，包括异亮氨酸、甲硫氨酸、亮氨酸、色氨酸、苯丙氨酸、苏氨酸、缬氨酸和赖氨酸；其余 12 种氨基酸人体可以自行合成，不必依赖食物蛋白质的供给，称为非营养必需氨基酸。

（2）蛋白质的互补作用　把几种营养价值较低的蛋白质混合食用，使营养必需氨基酸互相补充从而提高蛋白质的营养价值，称为蛋白质的互补作用。例如，谷类食物含色氨酸多而赖氨酸少，豆类食物含赖氨酸多而色氨酸少，两种食物混合食用，可明显提高营养价值。所以，为了充分发挥蛋白质的互补作用，食物种类应多样化。临床上对某些不能进食或禁食、营养不良、严重腹泻的患者，因蛋白质摄入不足，常需补充氨基酸制剂，以保证营养需求。

三、氨基酸的脱氨基作用

氨基酸脱氨基作用的方式有氧化脱氨基作用、转氨基作用和联合脱氨基作用。

1. 氧化脱氨基作用　催化氨基酸氧化脱氨基的酶主要有 L-谷氨酸脱氢酶，L-谷氨酸脱氢酶在肝、脑、肾等组织中普遍存在，活性也较强，但只能催化 L-谷氨酸的氧化脱氨基作用，生成 α-酮戊二酸及氨。

$$\begin{array}{l} NH_2 \\ | \\ CH-COOH \\ | \\ (CH_2)_2-COOH \end{array} \underset{NADP^+}{\overset{NADPH+H^+}{\rightleftharpoons}} \begin{array}{l} NH \\ \| \\ C-COOH \\ | \\ (CH_2)_2-COOH \end{array} \overset{H_2O}{\rightleftharpoons} \begin{array}{l} O \\ \| \\ C-COOH \\ | \\ (CH_2)_2-COOH \end{array} + NH_3$$

L-谷氨酸　　　　　　　　　　　　α-酮戊二酸

2. 转氨基作用　是指一种氨基酸的氨基通过转氨酶的作用，转移至另一 α-酮酸的酮基位置上，原来的氨基酸变成了 α-酮酸，原来的 α-酮酸变成了氨基酸。在整个过程中，只有氨基的转移，没有氨的生成。转氨基是机体合成非必需氨基酸的重要途径；也是联系糖代谢与氨基酸代谢的桥梁。

$$R_1-CH(NH_2)-COOH + R_2-CO-COOH \xrightleftharpoons{\text{转氨酶}} R_2-CH(NH_2)-COOH + R_1-CO-COOH$$

转氨酶催化的反应是可逆的，参与转氨基作用的α-酮酸有α-酮戊二酸、草酰乙酸、丙酮酸，体内大多数氨基酸均可参与转氨基作用。体内存在多种转氨酶，但以催化L-谷氨酸与α-酮酸的转氨酶最为重要。例如谷氨酸丙酮酸氨基转移酶（GPT）和谷氨酸草酰乙酸氨基转移酶（GOT）。各种转氨酶均以磷酸吡哆醛或磷酸吡哆胺为辅酶，该辅酶在反应过程中起传递氨基作用。

正常情况下，转氨酶主要分布在细胞内，在血清中活性很低，在各组织中又以分布在肝、心的活性最高。当某种原因使细胞膜通透性增高，或因组织坏死、细胞破裂，可有大量的转氨酶释放入血，引起血中转氨酶活性增高。例如急性肝炎时，血清中的GPT活性明显升高，心肌梗死时血清中GOT活性明显上升。此种检查在临床上可作为协助诊断和预后判断肝、心疾病的指标之一。

3. 联合脱氨基作用 在两种或两种以上的酶的催化作用下，将氨基酸的氨基脱下生成酮酸的方式称为联合脱氨基作用，此种方式即是氨基酸脱氨基的主要方式。体内有两种联合脱氨基作用的方式，一是转氨酶与谷氨酸脱氢酶联合进行的联合脱氨基作用，另一种是嘌呤核苷酸循环。

（1）转氨酶与谷氨酸脱氢酶的联合脱氨基作用 主要在肝、肾组织中进行，氨基酸与α-酮戊二酸进行转氨基作用，生成相应的α-酮酸和谷氨酸，然后谷氨酸在L-谷氨酸脱氢酶的作用下脱氢、加水脱氨生成α-酮戊二酸（图1-7）。由于反应可逆，这一反应的逆向过程也是体内合成非必需氨基酸的主要方式。

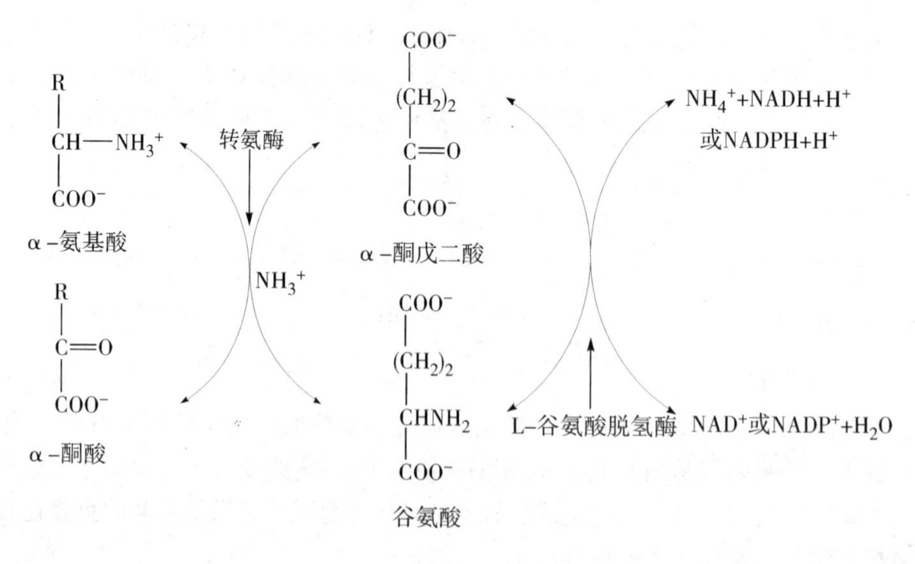

图1-7 联合脱氨基作用

（2）嘌呤核苷酸循环　肌肉组织中脱氨的主要方式，可使许多氨基酸脱氨，其过程首先通过转氨基作用将氨转给草酰乙酸生成天冬氨酸，然后天冬氨酸在腺苷酸代琥珀酸合成酶催化下，与次黄嘌呤核苷酸（IMP）缩合成腺苷酸代琥珀酸（AMPS），腺苷酸代琥珀酸在裂解酶的催化下，裂解为延胡索酸和腺苷酸（AMP），AMP 经腺苷酸脱氨酶催化水解生成 IMP 和游离的氨。其中 IMP 参与循环，故称为嘌呤核苷酸循环（图 1-8）。延胡索酸则经三羧酸循环途径转变为草酰乙酸。

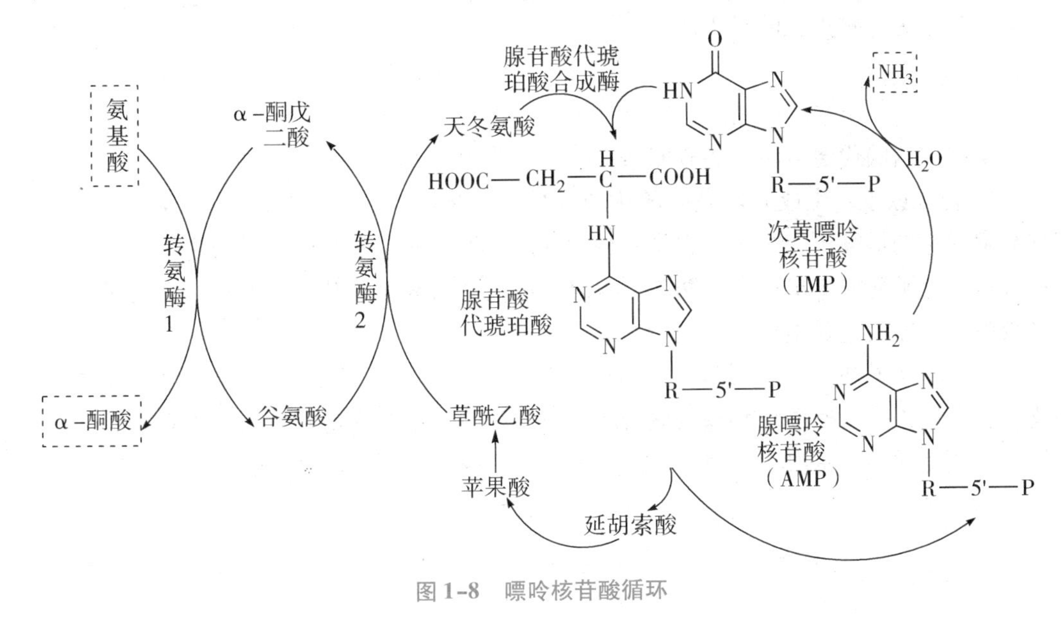

图 1-8　嘌呤核苷酸循环

四、氨的来源与去路

氨对机体一方面可作为原料在体内用于合成非必需氨基酸和其他含氮化合物（如嘌呤、嘧啶等）；另一方面氨是有毒物质，对中枢神经系统，尤其是脑组织有毒性作用。正常机体代谢过程中，血氨的来源和去路保持动态平衡，血氨浓度维持在较低的水平，正常人的血氨不高于 58.8μmol/L。当血氨浓度升高，可引起中枢神经功能紊乱，称为氨中毒。

（一）氨的来源

1. 组织中氨基酸分解生成的氨　氨基酸脱氨基作用产生的氨是体内氨的主要来源。组织中氨基酸经脱羧基反应生成胺，再经单胺氧化酶或二胺氧化酶作用生成游离氨，这是组织中氨的次要来源。

2. 肾脏分解谷氨酰胺　血液中的谷氨酰胺流经肾脏时，可被肾小管上皮细胞中的谷氨酰胺酶分解生成谷氨酸和 NH_3。肾小管上皮细胞中的氨有两条去路：排入原尿中以 NH_4^+ 形式随尿液排出体外，或者被重吸收入血成为血氨。原尿 pH 偏酸时，排入原尿中的 NH_3 与 H^+ 结合成为 NH_4^+，随尿排出体外。若原尿的 pH 较高，则 NH_3 易被重吸收入血。由此，临床上对因肝硬化腹水的患者，不宜使用碱性利尿药，以免血氨升高。

3. 肠道分解、腐败和吸收 正常情况下，肝脏合成的尿素有15%～40%经肠黏膜分泌入肠腔，肠道细菌尿素酶可将尿素水解成为CO_2和NH_3，这一部分氨约占肠道产氨总量的90%（成人每日约为4g）。肠道中的一小部分氨来自蛋白质的腐败作用。肠道中NH_3重吸收入血的程度决定于肠道内容物的pH，肠道内pH值高于6时，肠道内氨吸收入血。因此，临床上对高血氨患者采用弱酸性透析液作结肠透析，而禁止用碱性肥皂水灌肠，就是为了减少氨的吸收。

（二）氨的去路

氨在体内的代谢去路主要有四条：

1. 合成尿素：生成尿素是氨的主要去路。肝是尿素的合成器官。尿素是体内氨基酸分解代谢的最终产物之一，它是一种中性的、无毒的、水溶性较强的化合物，主要经血液运至肾脏随尿排出。当肾功能衰竭时，血液中尿素含量升高，因此，血清尿素含量是反映肾功能的重要生化指标之一。

合成由NH_3和CO_2为原料，先后经过氨基甲酰磷酸→瓜氨酸→精氨酸→尿素的转化。整个过程由鸟氨酸与氨基甲酰磷酸合成瓜氨酸开始，到精氨酸水解为尿素和鸟氨酸结束，往复循环。每次将2分子NH_3生成1分子尿素，所以将尿素的合成过程称为鸟氨酸循环（图1-9）。

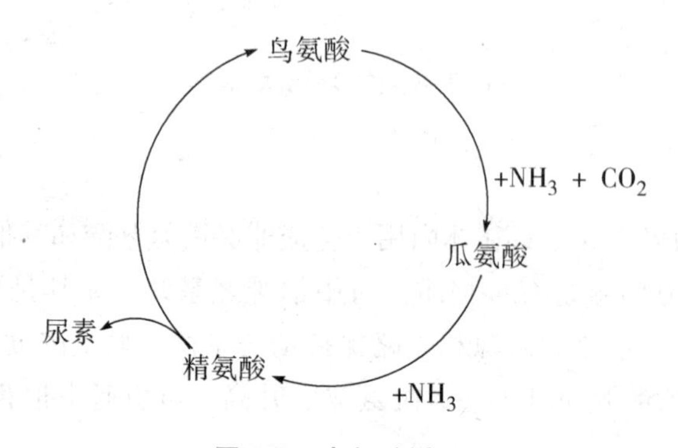

图1-9 鸟氨酸循环

正常生理情况下，机体血氨的来源与去路保持动态平衡，肝合成尿素是维持这个平衡的关键。当肝功能严重受损时，尿素合成障碍，血氨浓度增高，称为高血氨。血氨增高时，NH_3进入脑组织与α-酮戊二酸结合生成谷氨酸，并可进一步生成谷氨酰胺，此过程由于大量消耗了脑组织中的α-酮戊二酸，导致三羧酸循环减弱，使脑组织ATP生成减少，能量供应不足，大脑出现功能障碍导致肝性脑病。这就是肝性脑病的“氨中毒学说”的理论基础。

知识拓展

肝性脑病及其治疗原则

肝性脑病（又称肝昏迷）是严重肝病引起的中枢神经系统功能紊乱。治疗原则：①减少血氨的来源：如限制或禁止蛋白质饮食，给予肠道抗生素，给予酸性液体灌肠；②增加血氨的去路：如给予谷氨酸钠、精氨酸钠或鸟氨酸钠，静脉滴注含高支链氨基酸低芳香族氨基酸的氨基酸溶液。

2. 合成谷氨酰胺和天冬酰胺：氨与谷氨酸在谷氨酰胺合成酶的催化下合成谷氨酰胺，即可解氨毒，也是氨的运输和储存形式，避免大量游离氨进入血液。

3. 氨可以使某些α-酮酸经联合脱氨基逆反应生成相应的非必需氨基酸，还可参与嘌呤碱、嘧啶碱的生物合成。

4. 少量的氨直接经尿以 NH_4^+ 形式排出体外，尿中排氨有利于排酸。

五、α-酮酸的代谢

氨基酸进行脱氨基作用后生成的α-酮酸在体内主要有三条代谢途径：

1. 合成营养非必需氨基酸　α-酮酸经氨基化生成相应的α-氨基酸，这是体内非必需氨基酸合成的重要方式。例如，丙氨酸、天冬氨酸、谷氨酸分别由丙酮酸、草酰乙酸、α-酮戊二酸氨基化而成。

2. 转化为糖或脂肪　氨基酸脱去氨基后生成的α-酮酸可转变为糖或脂肪。能转变为糖的氨基酸称为生糖氨基酸，绝大部分氨基酸均为生糖氨基酸；能转变为酮体的氨基酸称为生酮氨基酸；既能转变为糖，又能转变成酮体者称为生糖兼生酮氨基酸（表1-3）。

3. 氧化供能　α-酮酸在体内可以通过三羧酸循环及生物氧化作用彻底氧化成 CO_2 及 H_2O，同时释放能量供机体利用。正常情况下，蛋白质供能仅占食物总热量的10%～15%，只有在长期饥饿等特殊情况下，蛋白质分解供能才可能增加。

表1-3　氨基酸生糖及生酮性质的分类

类别	氨基酸
生酮氨基酸	亮氨酸
生糖兼生酮氨基酸	异亮氨酸、苯丙氨酸、酪氨酸、苏氨酸、色氨酸
生糖氨基酸	丙氨酸、精氨酸、天冬氨酸、半胱氨酸、谷氨酸、甘氨酸、脯氨酸、甲硫氨酸、丝氨酸、缬氨酸、组氨酸、天冬酰胺、谷氨酰胺

六、脱羧基作用

在机体内，氨基酸分解代谢的主要途径是脱氨基作用，然而有些氨基酸还有脱羧基作用的代谢途径，并具有重要的生理意义。

部分氨基酸在特异的氨基酸脱羧酶催化下进行脱羧反应，生成相应的胺。除组氨酸脱羧酶不需辅酶，其他脱羧酶均以磷酸吡哆醛为辅酶。氨基酸脱羧基后生成的胺虽然含量不高，但具有重要的生理功能。体内广泛存在的胺氧化酶可将这些胺氧化成相应的醛类，后者经醛氧化酶催化，进一步氧化成羧酸，避免胺类在体内的蓄积。胺氧化酶在肝中活性最强。反应过程简化如下：

$$R-\underset{\underset{COOH}{|}}{\overset{\overset{H}{|}}{C}}-NH_2 \xrightarrow[\text{磷酸吡哆醛}]{\text{氨基酸脱羧酶}} RCH_2NH_2 + CO_2$$

几种氨基酸经脱羧基作用产生的重要胺类如下：

1. γ-氨基丁酸（GABA） 由L-谷氨酸脱羧酶催化谷氨酸脱羧基生成，此酶在脑、肾中的活性很高，所以脑中GABA含量较多。GABA是抑制性神经递质，对中枢神经系统有抑制作用。

2. 组胺 由组氨酸在组氨酸脱羧酶催化下脱羧基产生，在体内分布广泛，乳腺、肺、肝、肌组织及胃黏膜含量较高，主要存在于肥大细胞中，创伤性休克或炎症病变部位有组胺释放。组胺具有强烈的扩张血管功能，增加血管通透性，使血压下降；还可使支气管痉挛，引发过敏症状。组胺还能促进胃蛋白酶和胃酸的分泌。

3. 5-羟色胺（5-HT） 色氨酸经羟化酶催化生成5-羟色氨酸，再经脱羧酶催化生成5-羟色胺。除神经组织外，5-羟色胺还存在于胃肠道、血小板及乳腺细胞中。在脑内5-羟色胺作为神经递质具有抑制作用；在外围组织具有收缩血管的功能。

4. 牛磺酸 半胱氨酸先氧化成磺酸丙氨酸，再脱羧生成牛磺酸。牛磺酸是结合胆汁酸的组成成分。现发现脑组织中有较多牛磺酸，可能具有更重要的功能。

5. 多胺 某些氨基酸脱羧基可产生多胺类物质。如鸟氨酸脱羧基生成腐胺，然后再转变为精脒和精胺。精脒和精胺属多胺类，是调节细胞生长的重要物质。凡生长旺盛的组织及肿瘤组织多胺类含量较多。临床上利用测定肿瘤病人血、尿中多胺含量作为观察病情的指标之一。

七、一碳单位的概念、来源、辅酶与功能

1. 一碳单位概念和来源 某些氨基酸在分解代谢过程，可以产生含有一个碳原子的基团，称为一碳单位。体内的一碳单位有甲基（$-CH_3$）、亚甲基（$-CH_2-$）、次甲基（$-CH\lt$）、甲酰基（—CHO）和亚胺甲基（—CH ═NH）。一碳单位不能游离存在，通常与四氢叶酸（FH_4）结合而转运或参加生物代谢，FH_4是一碳单位代谢的辅酶，由叶酸衍生而来。

相应的氨基酸生成不同的一碳单位：

丝氨酸 ⟶ $N^5,N^{10}-CH_2-FH_4$

甘氨酸 ⟶ $N^5,N^{10}-CH_2-FH_4$

组氨酸 ⟶ $N^5-CH=NH-FH_4$

色氨酸 ⟶ $N^{10}-CHO-FH_4$

一碳单位的互相转变

2. 一碳单位代谢的生理功能　一碳单位是机体组织细胞合成嘌呤及嘧啶的原料之一，在核酸的生物合成中起着重要的作用。所以，一碳单位代谢与细胞的增殖、组织生长和机体发育等重要过程密切相关。FH_4缺乏时，一碳单位代谢障碍，嘌呤核苷酸和嘧啶核苷酸不能合成，DNA 和 RNA 生物合成受到影响，导致细胞增殖、分化、成熟受阻，进而影响红细胞发育成熟，可引起某些疾病，如巨幼红细胞性贫血。

一碳单位还为体内许多生物合成提供甲基。例如 $N^5-CH_3-FH_4$把—CH_3传递给同型半胱氨酸生成甲硫氨酸，在甲硫氨酸腺苷转移酶的催化下，甲硫氨酸与 ATP 作用，转化为活性 S-腺苷甲硫氨酸。SAM 在甲基转移酶的催化下，可将甲基转移给另一物质，通过提供甲基参与体内多种具有生理功能化合物的合成，例如肾上腺素、胆碱、肌酸等。

3. 苯丙氨酸和酪氨酸代谢

（1）苯丙氨酸是必需氨基酸　正常情况下，体内苯丙氨酸主要经过苯丙氨酸羟化酶催化生成酪氨酸，此反应不可逆。极少数苯丙氨酸脱氨生成苯丙酮酸。若机体先天性缺乏苯丙氨酸羟化酶时，血液中游离苯丙氨酸浓度异常升高，而且致使苯丙氨酸的脱氨基作用增强，生成大量的苯丙酮酸，引起苯丙酮酸尿症。苯丙酮酸对神经系统有毒性，致使儿童神经系统发育障碍，智力低下。

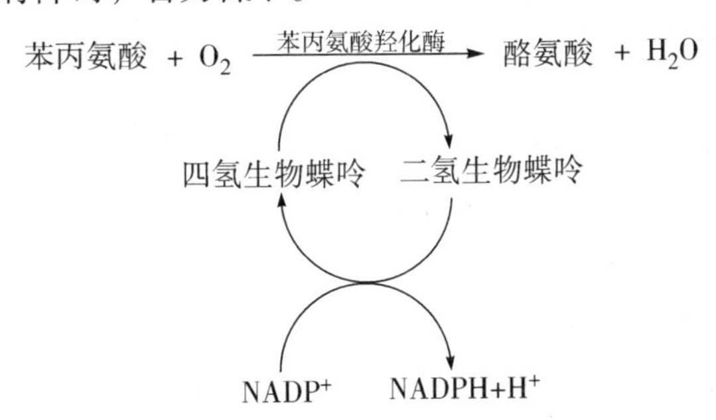

（2）酪氨酸生成黑色素，其合成的关键酶为酪氨酸酶　白化病患者先天缺乏此酶，故不能生成黑色素，皮肤及毛发呈白色。酪氨酸的代谢产物是多巴胺（DA）。DA 本身是一种神经递质，也是合成肾上腺素、去甲肾上腺素等物质的前体，具有增高血糖和血压等生理作用。多巴胺在甲状腺还可转变为甲状腺素。

目标测试

一、填空题

1. 多肽链有两端，一端称________，另一端称________。
2. 沉淀蛋白质的方法有________、________、________、________和________。
3. 蛋白质空间结构包括________、________、________。
4. 蛋白质在碱性条件下，带________，在酸性条件下带________。
5. 两个氨基酸分子脱水缩合成________。
6. 氨基酸脱氨基方式有________、________、________。
7. ________是合成尿素的主要器官，尿素生成实质上是机体对氨的一种________方式。

二、单选题

1. 人体内不参与蛋白质组成的氨基酸是( )
   A. 甘氨酸 B. 瓜氨酸 C. 谷氨酸 D. 天冬氨酸
2. 测得某蛋白质样品的含氮量为0.40g，此样品约含蛋白质( )
   A. 2.00g B. 2.50g C. 6.40g D. 6.25g
3. 下列属于酸性氨基酸的是( )
   A. 精氨酸 B. 甘氨酸 C. 色氨酸 D. 谷氨酸
4. 蛋白质分子中的主要化学键是( )
   A. 肽键 B. 二硫键 C. 酯键 D. 离子键
5. 蛋白质溶液的稳定因素是( )
   A. 蛋白质溶液有分子扩散现象
   B. 蛋白质溶液有“布朗运动”
   C. 蛋白质分子表面带有水化膜和同种电荷
   D. 蛋白质分子带有电荷
6. 蛋白质变性是由于( )
   A. 氨基酸排列顺序的改变 B. 氨基酸组成的改变
   C. 肽键的断裂 D. 蛋白质空间构象的破坏
7. 生成尿素的主要器官是( )
   A. 肝脏 B. 心脏 C. 肾脏 D. 骨骼肌
8. 谷丙转氨酸（丙氨酸氨基转移酶ALT）活性最高的器官是( )
   A. 心脏 B. 肾脏 C. 肝脏 D. 脑
9. 谷草转氨酶（天冬氨酸氨基转移酶AST）活性最高的器官是( )
   A. 心脏 B. 肝脏 C. 肾脏 D. 脑
10. 肾脏中产生氨主要来自( )

A. 氨基酸的联合脱氨基作用　　B. 谷氨酰胺的水解
C. 尿素的水解　　D. 氨基酸的非氧化脱氨基作用

11. 脑中氨的主要去路是(　　)
A. 合成尿素　　B. 扩散入血
C. 合成谷氨酰胺　　D. 合成氨基酸

12. 血氨升高的主要原因是(　　)
A. 体内合成非必需氨基酸过多
B. 组织蛋白分解过多
C. 肝功能障碍
D. 便秘或消化不良，使肠道内产氨与吸收氨过多

13. 以下哪个氨基酸脱羧产生舒血管物质(　　)
A. 精氨酸　　B. 酪氨酸　　C. 组氨酸　　D. 谷氨酸

14. 体内转运一碳单位的载体是(　　)
A. 叶酸　　B. 维生素 B_{12}
C. 四氢叶酸　　D. 二硫酸

15. 下列物质中不属于一碳单位的是(　　)
A. $—CH_2—$　　B. $—CH=$　　C. $—CH=NH$　　D. CO_2

三、判断题（对的打“√”，错的打“×”）

1. 维持二级结构的化学键是氢键、范德华力。(　　)
2. 由一条多肽链组成的蛋白质，有四级结构。(　　)
3. 沉淀的蛋白质总是变性的。(　　)
4. 任何一种氨基酸在体内都可以转变为糖。(　　)
5. 体内氨基酸脱氨基的主要方式是联合脱氨基作用。(　　)

四、名词解释

1. 蛋白质变性　　2. 亚基　　3. 一碳单位　　4. 氮平衡

五、问答题

1. 简述蛋白质的主要生理功能。
2. 影响蛋白质变性的理化因素有哪些？有何临床意义？
3. 试述血氨的来源与去路。
4. 请用氨代谢的知识，简述血氨升高导致肝性脑病的生化机制。

第二章 酶

学习目标

1. 知识目标 掌握酶的催化特点；掌握酶的分子组成和功能；掌握酶活性中心的概念，酶原、同工酶的概念；掌握维生素的作用和分类；掌握酶促反应的概念；掌握影响酶促反应速度的几种因素。熟悉酶的基本概念、化学本质。了解辅酶；了解竞争性抑制作用的概念。

2. 技能目标 认识酶在医学中的应用和酶在生命活动中的重要作用；知道酶或辅酶缺乏所导致的疾病。

第一节 酶的构成和作用

酶是生物体内特殊的催化剂，生物体内的物质代谢在酶的催化下有条不紊地进行，若生物体内酶缺失或活性减弱，均可导致其物质代谢紊乱，甚至发生疾病，因此酶与医学和药学的关系十分密切。

知识拓展

生物体内的酶

体内存在大量酶，结构复杂，种类繁多，到目前为止，已发现3000种以上。如米饭在口腔内咀嚼时，咀嚼时间越长，甜味越明显，是由于米饭中的淀粉在口腔分泌出的唾液淀粉酶的作用下，水解成麦芽糖的缘故。因此，吃饭时多咀嚼可以让食物与唾液充分混合，有利于消化。

一、酶的概念及作用特点

（一）酶的概念

酶（enzyme，E）是由活细胞产生的具有催化作用的蛋白质。在生物体内，由酶催化的反应称为酶促反应，酶所催化的物质称为底物（substrate，S），酶催化底物产生的物质称为产物（product，P）。

酶所具有的催化能力称为酶活性，酶失去催化能力称为酶失活。酶的化学本质是蛋白质，它具有蛋白质的理化性质和生物学特征，凡能使蛋白质变性的因素，均可使酶丧失活性。

（二）酶的催化作用特点

酶的催化作用具有两个方面的特点。一方面，酶与一般催化剂具有相同的催化性质，仅能催化热力学上允许的化学反应；能加速化学反应，缩短达到化学反应的平衡时间，但不改变反应的平衡点；酶在化学反应前后没有质和量的变化。另一方面，酶作为生物催化剂，又具有一般催化剂所没有的特征。

1. 高度的催化效率 酶的催化效率通常比非催化反应高 108 ~1020 倍，比一般催化剂催化效率高 107 ~1013 倍。酶与一般催化剂加快反应的机制都是降低反应的活化能。酶之所以能高效催化，是因为酶比一般催化剂更能有效地降低反应的活化能，使反应物只需很低的能量就可进入活化状态（图 2-1）。例如在过氧化氢生成水的反应中，用一般催化剂胶体钯催化时，需活化能 48. 9kJ/mol，而用过氧化氢酶催化时，仅需活化能 8. 4kJ/mol，就能使反应速度大幅度提高。

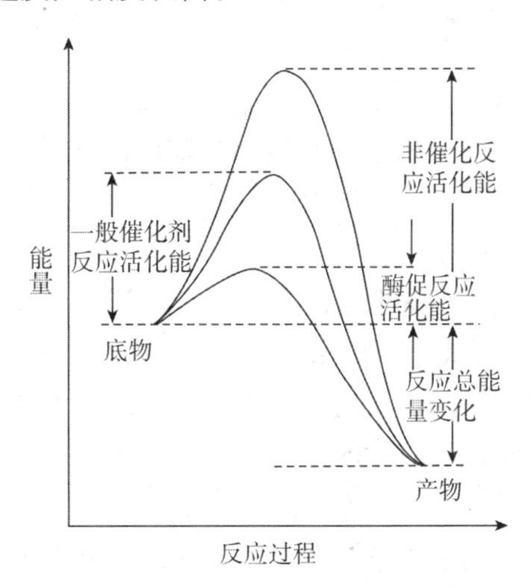

图 2-1 酶促反应活化能的改变

2. 高度特异性 酶对其催化的底物具有较严格的选择性，以催化一定的化学反应，得到一定的产物，这种酶对底物的选择性称为酶的特异性或专一性。根据酶对底物选择性的严格程度不同，分为绝对特异性、相对特异性、立体异构特异性三类。

（1）绝对特异性 一种酶仅作用于一种底物或催化一种化学反应，称为绝对特异性。例如精氨酸酶只作用于 L-精氨酸，而对 L-精氨酸的衍生物则不起作用。

（2）相对特异性 一种酶能催化一类化合物或一种化学键，这种对底物不太严格的选择称为相对特异性。例如脂肪酶既能催化脂肪水解，又能作用于其他酯类。

（3）立体异构特异性 对具有同分异构体的底物来说，一种酶仅作用于立体异构体中的一种，而对另一种则无作用，酶对立体异构物的这种选择性称为立体异构特异性。例如L-乳酸脱氢酶只催化L-乳酸，而对D-乳酸无作用。

3. 酶活性的可调节性 在体内，酶的活性可受激素、神经系统信息等许多因素的调控，这些调控能保证酶在体内恰如其分地发挥作用，以适应机体不断变化的内外环境和生命活动的需要。但酶是蛋白质，强酸、强碱等任何使蛋白质变性的理化因素都可能使酶变性而失活。

二、酶的结构和功能

（一）酶的分子组成

绝大多数酶的化学本质是蛋白质，所以酶主要由氨基酸构成。根据化学组成不同，可将酶分为单纯酶和结合酶两大类。

课堂互动

请大家说一说，只有全酶才有催化活性吗？

1. 单纯酶 是仅由氨基酸残基构成的酶，它的催化活性取决于蛋白质的分子结构。如脲酶、胃蛋白酶、淀粉酶、核糖核酸酶等。

2. 结合酶 是由蛋白质和非蛋白质两部分组成的酶。把结合酶中蛋白质部分称为酶蛋白，非蛋白质部分称为辅助因子。酶蛋白与辅助因子结合形成的复合物称为全酶。对于结合酶来说，只有全酶才有催化作用，酶蛋白与辅助因子单独存在时，二者均没有催化活性，生物体内大多数酶是结合酶。

辅助因子有两大类，一类是金属离子，如K^+、Mg^+、Na^+、Zn^{2+}、Fe^{2+}等，约有2/3的酶含有金属离子。金属离子的作用是多方面的，它们可以是酶活性中心的催化基团参与催化反应；或者是连接酶与底物的桥梁；也可作为稳定酶蛋白分子构象所必需的基团；或者中和阴离子，降低反应中的静电斥力。另一类是小分子有机化合物，最常见的是维生素，承担传递电子或基团的作用。根据辅助因子与酶蛋白结合的牢固程度不同可分为辅酶和辅基。辅酶与酶蛋白结合不牢固，可以用透析或超滤的方法分离；辅基与酶蛋白结合牢固，不易用透析或超滤的方法分离。

生物体内酶蛋白种类很多，而辅助因子的种类却较少，所以一种辅助因子可与不同的酶蛋白结合形成多种结合酶，如NAD^+可以与不同的酶蛋白结合，组成苹果酸脱氢酶、乳酸脱氢酶、3-磷酸甘油醛脱氢酶；一种酶蛋白只能与一种辅助因子结合形成一种结合酶。由此看出，决定酶特异性的是酶蛋白部分，而辅助因子则决定酶促反应的类型。

3. 多酶复合体、多酶体系和多功能酶 多酶复合体是指酶彼此聚合在一起，组成一个结构和功能统一的结合体。若把多酶复合体解体，则各酶的催化活性消失。参与组成多酶复合体的酶有多有少，如催化丙酮酸氧化脱羧反应的丙酮酸脱氢酶多酶复合体由三种酶组成。

多酶体系是指在结构上彼此无关联的，能共同参与并完成某一物质代谢过程的一组酶。体内物质代谢的各条途径往往有许多酶共同参与，依次完成反应过程。如参与糖酵解的 11 个酶均存在于胞液，组成一个多酶体系。

近年来发现有些酶分子存在多种催化活性，如哺乳动物的脂肪酸合成酶由两条多肽链组成，每一条多肽链均含脂肪酸合成所需的七种酶的催化活性。这种酶分子中存在多种催化活性部位的酶称为多功能酶或串联酶。多功能酶在分子结构上比多酶复合体更具有优越性，因为相关的化学反应在一个酶分子上进行，比多酶复合体更有效，这也是生物进化的结果。

（二）酶的活性中心

实验证明，酶分子中存在许多化学基团，但并不是所有基团都与酶的催化活性有关。通常把那些与酶的活性有关的基团称为酶的必需基团。这些必需基团在一级结构上可能相距很远，但在空间结构上彼此靠近，形成具有特定空间结构的区域，该区域能与底物特异性结合，并将底物转化为产物，这一区域称为酶的活性中心。酶的活性中心具有特定的三维空间结构，或为裂隙，或为孔穴，以容纳进入的底物与之结合，并将底物催化，使之转化为产物。

酶的活性中心的必需基团有两类：一类是结合基团，其功能是与底物结合并形成酶-底物复合物；另一类是催化基团，其功能是影响底物中某些化学键的稳定性，催化底物转化为产物。还有一些必需基团虽不参与酶的活性中心的形成，但对于维持酶的活性中心的特定空间构象是必需的，这些基团称为酶的活性中心外的必需基团（图 2-2）。

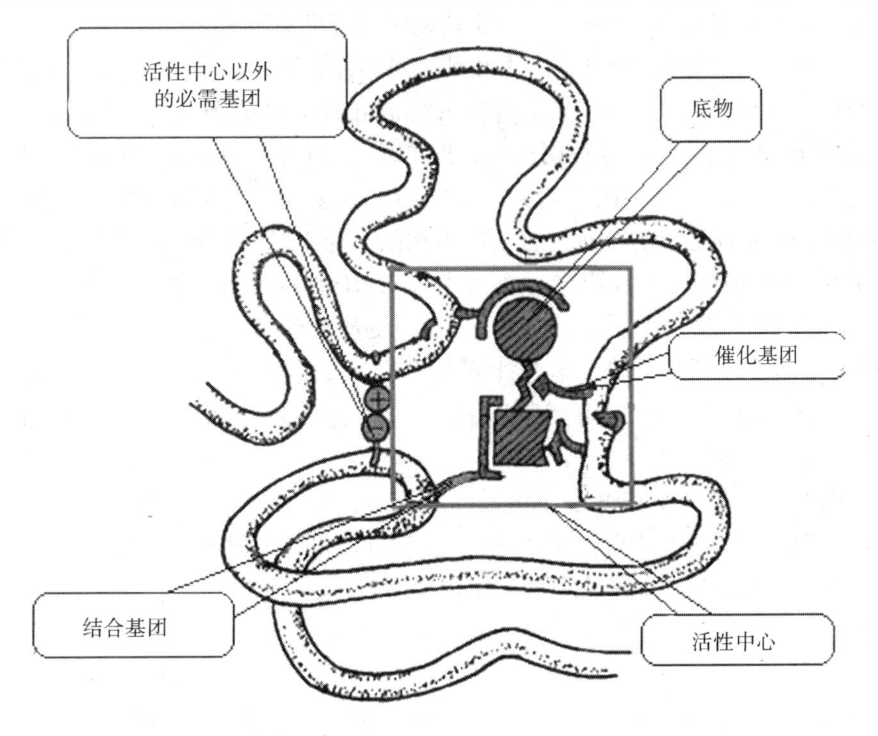

图 2-2 酶的活性中心

（三）酶原和酶原的激活

有些酶在细胞内初合成或初分泌时并无催化活性，只是酶的无活性前体，这些不具有催化活性的酶的前体称为酶原。酶原需要在一定条件下，水解掉一个或几个特殊的肽键，使其构象发生改变才能表现出酶的活性。由无活性的酶原转变为有活性的酶的过程称为酶原的激活。如初从胰腺细胞分泌出来的胰蛋白酶原并无活性，当其进入小肠后，在 Ca^{2+} 存在的条件下，受肠激酶激活，水解掉一个六肽，转变为具有催化活性的胰蛋白酶。

课堂互动

大家想一想，为什么酶初合成和初分泌时要以酶原形式存在？

酶原的存在和激活具有重要的生理意义。这既保证合成酶的细胞本身不受自身酶的消化破坏，又可使它们在特定的生理条件和规定的部位受到激活并发挥其生理作用。如在正常情况下，血浆中的许多凝血因子是以无活性的酶原形式存在，当出血时，无活性的酶原就转变成有活性的酶，激发血液凝固系统，发挥凝血功能。

（四）同工酶

同工酶是指能催化相同的化学反应，但酶蛋白的分子结构、理化性质和免疫学性质不相同的一组酶。它们可存在于生物的同一种属或同一个体的不同组织细胞中，甚至在同一组织或同一细胞的不同细胞器中，在代谢中起着重要作用。

现已发现的同工酶有500多种，其中研究最多并在临床检验中应用最广的是乳酸脱氢酶（LDH）和肌酸激酶（CK）。乳酸脱氢酶是由H亚基和M亚基组成的四聚体，这两种亚基以不同的比例组成五种同工酶，即 LDH_1、LDH_2、LDH_3、LDH_4、LDH_5。由于分子结构上的差异，这五种同工酶具有不同的电泳速度，因此可用电泳法分离。LDH的5种同工酶在不同器官的分布及含量各不相同，在心肌以 LDH_1 活性最高，骨骼肌及肝中以 LDH_5 活性最高。正常情况，血清中的LDH活性最低，主要来自于红细胞的渗出。但某些组织或器官发生病变时，LDH便从组织细胞释放到血液中，导致血清LDH含量增多，活性升高。临床上可根据同工酶谱活性的改变对疾病进行诊断，如急性心肌梗死患者血清 LDH_1 活性明显升高；急性肝炎患者血清 LDH_5 活性明显升高。

肌酸激酶是由M亚基和B亚基组成的二聚体，共有三种同工酶，脑组织中 CK_1 活性较高，心肌中 CK_2 活性较高，骨骼肌中 CK_3 活性较高。但某些组织细胞病变时，这些同工酶会释放入血，导致血清中肌酸激酶含量增多，活性升高。

（五）酶与医学的关系

随着酶学的不断研究和临床实践，人们越来越认识到酶在医学上的重要性。下面简单举例说明：

1. 酶与某些疾病的发生　某些先天性或遗传性疾病都和某种酶的缺陷有关。如酪氨酸酶缺陷引起的白化病；苯丙氨酸羟化酶缺陷引起的苯丙酮酸尿症；6-磷酸葡萄糖脱氢酶缺陷所引起的蚕豆病。由于机体内的化学反应几乎都是在酶的催化下进行，若酶的活性受到抑制，也会导致某些疾病的发生。如有机磷酸酯类杀虫剂抑制胆碱酯酶的活性而引起的中毒症状；氰化物抑制细胞色素氧化酶活性引起的中毒症状。

2. 酶在医学诊断上的应用　临床血浆中酶活性的测定，常用于某些疾病的辅助诊断。如前列腺癌患者，血浆中酸性磷酸酶活性升高。

三、维生素与辅酶

维生素在生物体内一般需要量很少，但又必不可少，如果缺少就会影响正常代谢，引起相应的缺乏症。这种由于缺乏某种维生素而引起的代谢障碍疾病叫营养缺乏症。

知识拓展

维生素缺乏的主要原因

1. 摄入量不足　食物中供给不足或因贮存、烹调方法不当，造成维生素大量破坏和丢失。

2. 吸收障碍　长期慢性腹泻或肝胆疾病常伴有维生素吸收障碍，而引起缺乏。

3. 需要量增加　生长期儿童、孕妇、乳母、重体力劳动者都对维生素需要量增加，但未足够补充。

4. 长期使用某些药物　正常肠道细菌能合成一部分维生素，如维生素K、PP、B_6、B_7等。若长期使用抗生素药物，就使肠道细菌生长抑制而引起缺乏。

维生素有的种类有数十种，根据其溶解性可分为脂溶性维生素和水溶性维生素。脂溶性维生素包括维生素A、D、E、K，在体内可直接参与代谢的调节作用；水溶性维生素包括B族维生素和维生素C，大多是辅酶或辅基的组成成分。

（一）脂溶性维生素

1. 维生素A　是含有β-白芷酮环的不饱和一元醇类，包括A_1和A_2两种，维生素A_1又称视黄醇，维生素A_2又称3-脱氢视黄醇。维生素A主要来源于动物性食物，以肝、乳制品及蛋黄中含量最多。植物性食物中没有维生素A，但黄绿色植物中含有一些色素，具有类似维生素A结构的一类胡萝卜素，无生理活性，它们在人和动物的小肠和肝脏中能转化为维生素A，因此称为维生素A原。维生素A原包括α、β、γ-胡萝卜素和玉米黄素等。

维生素A是构成视觉细胞内感光物质的成分，它可氧化生成视黄醛与视蛋白中的赖氨酸结合成视紫红质，与暗视觉有关。当维生素A缺乏时暗光敏感度降低，暗适应能力下降，引起夜盲症。维生素A缺乏还会影响上皮细胞糖蛋白及膜糖蛋白合成，导致上皮干燥、增生及角化，其中以眼、呼吸道、消化道、尿道及生殖道的上皮受影响最为显著。泪腺上皮不健全，分泌减少甚至停止易产生干眼病，所以维生素 A 又称抗干眼病维生素。维生素 A 能促进正常生长发育，缺乏时，儿童可出现生长停顿，发育不良。

2. 维生素 D 是类固醇的衍生物，现已知的维生素 D 主要有 D_2、D_3、D_4和 D_5。四种维生素 D 都是由相应的维生素 D 原经紫外线照射转变来的，麦角固醇转变成维生素 D_2；7-脱氢胆固醇转变成 D_3；22-双氢麦角固醇转变成 D_4；7-脱氢谷固醇转变成 D_5。

维生素 D 主要功能是促进钙和磷的吸收，促进骨盐更新，使骨骼正常发育。如果缺乏维生素 D，儿童发生佝偻病，成人发生软骨病。所以维生素 D 又称为抗佝偻病维生素。

3. 维生素 E 又称生育酚，共有 8 种，以 α-生育酚的活性最高。维生素 E 多存在于植物中，以麦胚油中含量最多，豆类和蔬菜中含量也丰富。

维生素 E 与动物生殖功能相关，临床上用于防治先兆流产和更年期疾病。维生素 E 具有高效的抗氧化作用，可防止生物膜的不饱和脂肪酸氧化成过氧化脂质，破坏生物膜的正常功能。如果缺乏维生素 E，红细胞膜的不饱和脂肪酸被氧化破坏，使细胞膜破裂而溶血。

4. 维生素 K 又名凝血维生素，其化学本质为 2-甲基萘醌的衍生物，K_1和 K_2是天然存在的维生素。维生素 K_1存在于猪肝、蛋黄、苜蓿、白菜、菠菜及其他绿色蔬菜中；维生素 K_2为人和动物肠道细菌合成。

维生素 K 参与凝血作用。维生素 K 促进凝血因子Ⅱ（凝血酶原）、Ⅶ、Ⅸ和Ⅹ的合成，使凝血酶原转变为凝血酶。缺乏维生素 K 可导致凝血因子合成障碍。新生儿肠道无细菌合成维生素 K，因此常在孕妇产前或新生儿出生后给予维生素 K，可预防出血。维生素 K 具有醌式结构，能还原成氢醌，参与细胞生物氧化过程。

（二）水溶性维生素

1. 维生素 B_1和焦磷酸硫胺素 维生素 B_1是由含硫的噻唑环和含氨基的嘧啶环组成的，故又称硫胺素。维生素 B_1 本身无生物活性，在肝脏内其在硫胺素激酶的催化下转变成焦磷酸硫胺素（TPP）才具有生物活性。TPP 可作为许多脱羧酶的辅酶，参与 α-酮酸的氧化脱羧反应；TPP 也可作为转酮醇酶的辅酶，参与磷酸戊糖途径的转酮醇反应。

课堂互动

请问大家，水溶性维生素缺乏会导致哪些缺乏症？大家想一想，为什么酶初合成和初分泌时要以酶原形式存在？

因为维生素 B_1与糖代谢过程密切相关，当人体缺乏维生素 B_1时，糖代谢中间产物 α-酮酸的氧化脱羧反应发生障碍，导致丙酮酸、乳酸在组织中积累，毒害细胞，出现多发性神经炎、心力衰竭、肌肉萎缩、下肢水肿等脚气病症状。

2. 维生素 B_2和黄素辅酶 维生素 B_2是由核酸与 7,8-二甲基异咯嗪结合而成的黄色物质，故称为核黄素。维生素 B_2本身无生物活性，但在生物体内，与 ATP 磷酸化可转化为两种活性形式：黄素单核苷酸（FMN）和黄素腺嘌呤二核苷酸（FAD）。

FMN 和 FAD 都是黄素酶的辅基，作为递氢体参与体内多种氧化还原反应。另外，维生素 B_2能促进体内三大营养物质的代谢，对维持皮肤黏膜和视觉的正常功能都有一定作用。人类缺乏维生素 B_2时，常出现口角炎、唇炎、阴部皮炎、睑缘炎等病症。

3. 维生素 PP 和辅酶Ⅰ、辅酶Ⅱ 维生素 PP 为吡啶衍生物，包括尼克酸（又称烟酸）和尼克酰胺（又称烟酰胺）。二者本身无活性，在生物体内转化为尼克酰胺腺嘌呤二核苷酸（NAD^+，辅酶Ⅰ）和尼克酰胺腺嘌呤二核苷酸磷酸（$NADP^+$，辅酶Ⅱ）。维生素 PP 在体内以 NAD^+ 和 $NADP^+$ 的形式发挥其生理作用。

NAD^+ 和 $NADP^+$ 可以作为不需氧的脱氢酶的辅酶，参与生物氧化过程。维生素 PP 又称抗癞皮病维生素，对神经系统有保护作用。人类维生素 PP 缺乏时，会引起对称性皮炎（俗称癞皮病），表现为皮炎、消化道炎、痴呆等症状。另外烟酸还具有降低血浆胆固醇和脂肪的作用，因此烟酸在临床上可作为降胆固醇的药物。

4. 维生素 B_6 和磷酸吡哆醛 维生素 B_6又称抗皮炎维生素，包括吡哆醇、吡哆醛和吡哆胺。维生素 B_6在生物体内经磷酸化可转化为具有活性的磷酸酯，主要有磷酸吡哆醛和磷酸吡哆胺。磷酸吡哆醛是氨基酸转氨酶及脱羧酶等许多酶的辅酶。

磷酸吡哆醛能促进谷氨酸脱羧，促进 γ-氨基丁酸的生成，γ-氨基丁酸是一种抑制性神经递质，故维生素 B_6缺乏时可引起中枢神经兴奋、呕吐等症状，临床上常用维生素 B_6治疗婴儿惊厥和妊娠呕吐。磷酸吡哆醛还是 δ-氨基 γ-酮戊酸合成酶的辅酶，δ-氨基 γ-酮戊酸合成酶是血红素合成过程中的限速酶。当维生素 B_6缺乏时，有可能造成缺铁性贫血和血清铁增高；长期缺乏维生素 B_6会导致皮肤、中枢神经和造血功能损害。人类很少有 B_6缺乏病。

5. 泛酸和辅酶 A 泛酸又称遍多酸，是由 β-丙氨酸与 α,γ-二羟基-β,β-二甲基丁酸通过肽键缩合而成的酸性化合物，也是辅酶 A（简称 CoA 或 HSCoA）的组成部分。HSCoA 作为酰基转移酶的辅酶，起传递酰基的作用，在体内三大营养物质代谢中起重要作用。人很少发生泛酸缺乏病，但在治疗其他维生素 B 缺乏病时，若同时给予适量泛酸常可提高疗效。临床上已用辅酶 A 作为许多疾病治疗的重要辅助药物，如脂肪肝、冠心病等。

6. 生物素和羧化酶 生物素又称维生素 B_7，是由带戊酸侧链的噻吩与尿素形成的骈环。维生素 B_7是多种羟化酶的辅酶，催化体内羟化反应。人体肠道细菌能合成，一般无此缺乏病。但在特殊情况下，若大量食用生鸡蛋清，生鸡蛋清中含有一种抗生物素蛋白，能与生物素结合，使生物素不被肠道吸收，则可引起缺乏，出现精神抑郁、脱发、皮炎等症状。

7. 叶酸和四氢叶酸 叶酸又称蝶酰谷氨酸，是由 2-氨基-4-羟基-6-甲基蝶呤啶、对氨基苯甲酸与 L-谷氨酸连接而成。叶酸在生物体内可被还原为四氢叶酸（FH_4）或 THFA。FH_4是一碳单位转移酶的辅酶，作为一碳单位的传递体参与多种重要物质（如嘌呤、嘧啶）的合成，在核酸和蛋白质的代谢中具有重要作用。叶酸能促进红细胞的发育与成熟，叶酸缺乏时，会导致巨幼细胞性贫血。

8. 维生素 B_{12} 和辅酶 B_{12} 维生素 B_{12} 是含三价钴的多环系化合物，又称钴胺素或抗恶性贫血维生素。维生素 B_{12} 在体内主要有两种辅酶形式：辅酶 B_{12} 和甲基钴胺素。辅酶 B_{12} 作为变位酶的辅酶，参与蛋氨酸、胸腺嘧啶、胆碱的生物合成；而甲基钴胺素参与物质生物合成的甲基化作用。如同型半胱氨酸甲基化生成蛋氨酸的反应时，辅酶 B_{12} 是催化此反应的 N^5-甲基四氢叶酸甲基转移酶的辅酶，参与甲基的转移。当机体缺乏维生素 B_{12} 时，N^5-甲基四氢叶酸甲基不能转移，这不但不利于蛋氨酸生成，而且还影响四氢叶酸的再生，从而使组织中的游离四氢叶酸含量减少，影响其转运一碳单位，最终导致核酸合成障碍，出现恶性贫血。

9. 维生素 C 和羟化酶 维生素 C 是一种酸性多羟基化合物，具有防治坏血病的作用，故又称抗坏血酸。维生素 C 有 L、D 两种异构体，只有 L-型具生物活性。维生素 C 在体内作为氧化还原反应中的递氢体，有氧化型和还原型两种形式。维生素 C 对机体有多方面的重要功能：

（1）*参与体内许多羟化反应* 维生素 C 是胶原脯氨酸羟化酶和胶原赖氨酸羟化酶的辅酶，可使脯氨酸和赖氨酸在胶原脯氨酸羟化酶和胶原赖氨酸羟化酶作用下羟化生成羟脯氨酸和羟赖氨酸，这两种氨基酸是胶原蛋白的主要成分，因此维生素 C 可促进胶原蛋白的合成。若机体缺乏维生素 C，可导致胶原蛋白合成障碍，影响结缔组织的坚韧性，出现毛细血管通透性增加，易破裂出血，牙齿易松动，骨骼易骨折，伤口不易愈合等坏血病症状。维生素 C 是催化胆固醇羟化反应的 7-α-羟化酶的辅酶，可参与胆固醇的转化。此外维生素 C 还可参与皮质类固醇激素的合成和芳香族氨基酸的代谢。

（2）*参与体内氧化还原反应* 维生素 C 能使巯基酶的巯基维持在还原状态。如维生素 C 在谷胱甘肽还原酶的作用下，促使氧化型谷胱甘肽（GSSG）还原为还原型谷胱甘肽（GSH），GSH 有保护细胞膜的作用。维生素 C 可参与免疫球蛋白分子中半胱氨酸残基的巯基氧化而生成二硫键，从而促进抗体的生成，增强机体免疫力。维生素 C 还能使食物中的 Fe^{3+} 还原成 Fe^{2+}，便于肠道内铁的吸收和利用，促使叶酸转变为四氢叶酸，从而促进机体造血功能，若机体缺乏维生素 C 则会出现贫血症状。此外维生素 C 还可以间接抗氧化，清除机体自由基，保护维生素 A 和维生素 B 免遭氧化的作用。

另外，维生素 C 还具有防治动脉粥样硬化、抗病毒、抗癌等作用。

虽然维生素 C 对人体来说有很多作用，但长期大量摄入可引起维生素 C 中毒，导致尿结石、腹痛、腹泻，还可能降低某些妇女的生殖能力，影响胚胎的发育。

知识拓展

维生素 C 的解毒作用

重金属离子（如汞离子）能与人体内含巯基的酶类结合而使其失去活性，导致人体某些代谢发生障碍，维生素 C 则能使 GSSG 还原成 GSH，而 GSH 可与重金属离子结合排出体外，因此具有解毒作用。

第二节 酶促反应

一、酶的催化原理

酶促反应是指由酶催化的化学反应。在生物体内，三大营养物质的代谢几乎都是在酶的催化下进行的。在酶促反应中，酶具有高度的催化效率，是多种催化机制综合作用的结果。

底物由常态转变为可以发生化学反应的活化状态所需要的能量，称为活化能。所需活化能越小化学反应速度越快。酶能显著降低反应的活化能，加快化学反应速度。这一点可用 L. Michaelis 和 M. Menton 提出的“中间产物”学说和 Koshland 提出的“诱导契合”假说来解释。“中间产物”学说认为，酶促反应可以用下列公式表示：

$$S + E \leftrightarrow ES \rightarrow E + P$$

S 代表底物，E 代表酶，ES 为中间产物，P 为反应的产物。

在酶促反应中，酶（E）首先和底物（S）结合成不稳定的中间产物（ES），然后再生成产物（P），并释放出酶（E）。释放出的酶又可与底物结合，继续发挥其催化功能，所以少量酶就可催化大量底物。

由于中间产物的形成，使底物分子内的某些化学键发生极化，呈现不稳定状态或称过渡态（活化态），大大降低了反应活化能。另外，酶的活性中心不仅可与底物结合，还可与过渡态的中间产物结合，并且结合过程中还会释放出一部分结合能，使过渡态的中间产物处于更低能级，从而使整个反应的活化能更低，反应速度更快。但“中间产物”学说把酶的结构看成是固定不变的，这是不符合实际的。为说明底物与酶结合的特性，在“中间产物”学说的基础上 Koshland 提出了“诱导契合”假说（图 2-3）。该假说认为，底物与酶活性中心结合时，底物会引起酶发生构象变化，这种构象变化使得酶与底物能更好地相互契合，从而发挥催化功能。反应结束，当产物从酶上脱落下来后，酶的活性中心又恢复了原来的构象。后来科学家对羧肽酶等进行了 X 射线衍射研究，研究的结果有力地支持了这个学说。

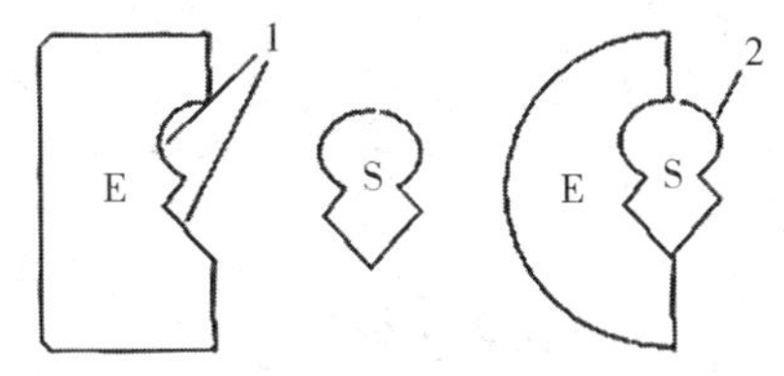

酶的诱导契合模型

1.酶的活性部位　2.酶-底部结合物的过渡态构象

图 2-3　酶与底物结合的“诱导契合”假说图解

二、影响酶促反应速度的因素

酶的催化活性的高低可以用酶促反应速度来表示，而酶促反应速度可以用单位时间内底物的减少量或产物的增加量来表示。许多因素如酶浓度、底物浓度、pH、温度、激活剂、抑制剂等都可以影响酶蛋白的空间结构，导致酶活性的改变，从而影响酶促反应速度。在研究某一因素对酶促反应速度的影响时，必须使酶反应体系中的其他条件保持不变，并以酶促反应开始时的速度——初速度来表示酶促反应速度。

（一）酶浓度对酶促反应速度的影响

在酶促反应中，当底物浓度足够大，其他条件固定不变的前提下，随着酶浓度的增加，酶促反应速度也相应加快，且成正比关系。

（二）底物浓度对酶促反应速度的影响

在酶浓度等其他因素不变的情况下，底物浓度对酶促反应速度的影响呈矩形双曲线（图 2-4）。在底物浓度较低时，酶促反应速度随底物浓度的增加而迅速加快，二者成正比关系；随着底物浓度继续升高，酶促反应速度仍在加快，但增加的幅度越来越小，不再成正比关系；当底物浓度进一步升高到一定值时，酶促反应速度趋于恒定，达到最大反应速度（V_{max}），此时再增加底物浓度，酶促反应速度也不再加快，说明此时酶分子已被底物充分结合，达到饱和状态。所有的酶都有饱和现象，只是达到饱和状态时所需的底物浓度各不相同。

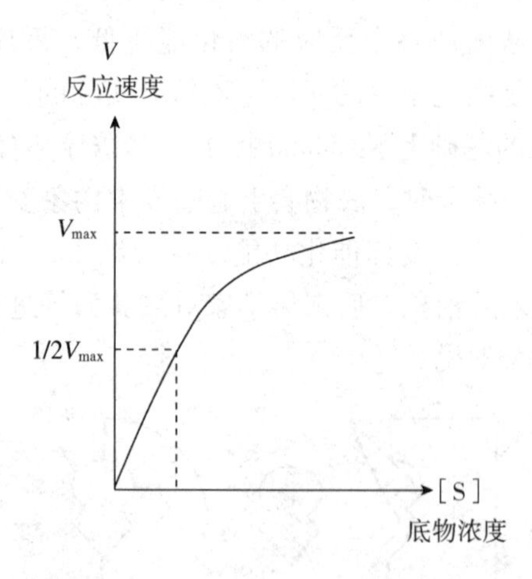

图 2-4　底物浓度与酶促反应速度的关系

为了解释这种现象，1913 年 L. Michaelis 和 M. Menten 做了大量研究，根据“中间产物”学说归纳出一个表示酶促反应速度和底物浓度间量的关系的数学公式，即著名的米-曼氏方程式。

$$v=\frac{V_{max}[S]}{K_m+[S]}$$

方程式中，v 为底物在不同浓度时的反应速度，K_m 值称为米氏常数，V_{max} 是酶被底物饱和时的反应速度，[S] 为底物浓度。当底物浓度很低时，$[S] \ll K_m$，酶促反应速度与底物浓度成正比；当底物浓度很高时，$[S] \gg K_m$，酶促反应速度达到最大，再增加底物浓度也不能影响反应速度。

米氏常数的意义：

1. 当 $v=V_{max}/2$ 时，$K_m=[S]$。因此，K_m 等于酶促反应速度达最大值一半时的底物浓度，它的单位与底物浓度一样（mol/L）。

2. K_m 可以反映酶与底物亲和力的大小，即 K_m 值越小，则酶与底物的亲和力越大；反之，则越小。

3. K_m 是酶的特征性常数。在一定条件下，某种酶的 K_m 值是恒定的，因而可以通过测定不同酶（特别是一组同工酶）的 K_m 值，来判断是否为不同的酶。

4. K_m 可用来判断酶的最适底物。当酶有几种不同的底物存在时，K_m 值最小者，为该酶的最适底物。

5. K_m 可用来确定酶活性测定时所需的底物浓度。当 $[S]=10K_m$ 时，$v=91\%\,V_{max}$，为最合适的测定酶活性所需的底物浓度。

（三）pH 对酶促反应速度的影响

酶促反应速度受环境 pH 的影响，不同 pH 条件下，酶促反应速度也不同。使酶与底物结合最大，酶促反应速度最快时的 pH 称为酶的最适 pH。环境 pH 直接影响酶、辅酶和底物的解离状态，在最适 pH 时，酶和底物处于最佳解离状态，使酶对底物的结合程度最大，反应速度最快。所以环境 pH 的改变可以通过影响酶与底物的解离状态来影响酶促反应速度，环境 pH 高于或低于最适 pH 时，酶促反应速度都会减小（图 2-5）。动物体内大多数酶的最适 pH 在中性（pH 值 7.35～7.45），也有个别酶例外，如胃蛋白酶的最适 pH 值为 1.8，胰蛋白酶的最适 pH 值为 8.0。

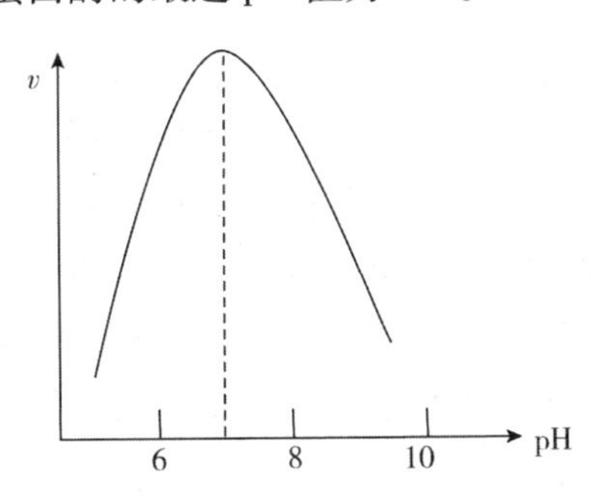

图 2-5　pH 对酶促反应速度的影响

（四）温度对酶促反应速度的影响

酶对温度极为敏感，酶的活性易受温度的影响，因此温度对酶促反应也具有双重影响。在一定温度范围内，酶的活性会随温度的升高而升高，酶促反应速度也会随温度的升高而加快；当温度升高到一定限度时，若继续升高温度，部分酶蛋白就会变性，酶的活性就会降低，酶促反应速度不仅不再加快，反而随温度的升高而下降。最终酶因高温完全变性而失去活性，从而失去催化能力。因此把酶促反应速度最快而酶未变性时的温度称为酶的最适温度（图2-6）。

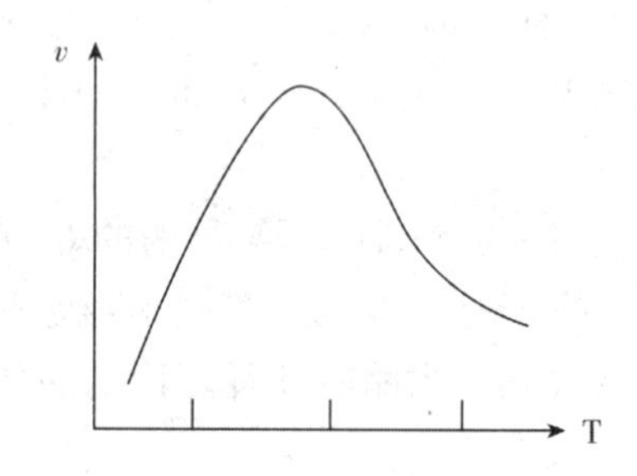

图2-6　温度对酶促反应速度的影响

人体内酶的最适温度为37℃～40℃之间，温度升高到60℃时酶已开始变性，80℃时绝大多数酶发生不可逆性变性，临床利用高温使酶变性的原理进行消毒灭菌。但也有耐受90℃以上高温而不失活的酶，如PCR检查时用的聚合酶。温度低于最适温度时，温度每升高10℃，酶促反应速度可加快1～2倍；若降低温度，酶的活性会随温度降低而降低。与高温不同的是，低温不会使酶破坏，只是抑制酶的活性，温度回升时酶的活性又可恢复，所以酶制剂应该在低温下保存。临床上低温麻醉以降低酶的活性，机体减慢组织细胞代谢速率，提高机体对缺氧的耐受性，就是利用酶的这一性质。

（五）激活剂对酶促反应速度的影响

凡能使酶从无活性变为有活性或使酶活性增高的物质称为酶的激活剂。根据酶对激活剂的依赖程度不同，可将激活剂分为必需激活剂和非必需激活剂。使酶从无活性变为有活性的激活剂称为必需激活剂，大多数金属离子属于这一类激活剂，如Mg^{2+}、K^{+}、Mn^{2+}等。这类激活剂对酶促反应是不可缺少的，否则酶促反应将不能进行。可使酶的活性增高的激活剂称为非必需激活剂，少数阴离子和一些有机化合物属于这一类激活剂，如Cl^{-}是唾液淀粉酶的非必需激活剂，胆汁酸盐是脂肪酶的非必需激活剂。这类激活剂的存在，可使酶促反应速度加快。

（六）抑制剂对酶促反应速度的影响

凡能使酶的活性降低而又不引起酶变性的物质称为酶的抑制剂。它可降低酶促反应速度。酶的抑制剂有重金属离子、一氧化碳、硫化氢、氢氰酸、氟化物、碘化乙酸、生物碱、染料、对-氯汞苯甲酸、二异丙基氟磷酸、乙二胺四乙酸、表面活性剂等。抑制剂常与酶的活性中心内或外的必需基团特异性结合，导致酶的活性降低或丧失，但去除抑制剂后，酶的活性又可恢复。根据抑制剂与酶结合的紧密程度不同，可将抑制剂分为可逆性抑制作用和不可逆性抑制作用。

1. 不可逆性抑制作用 指抑制剂通过共价键与酶的活性中心的必需基团不可逆结合，引起酶的永久性失活，其抑制作用不能够用透析、超滤等温和物理方法解除，必须用特殊的化学方法解除抑制作用。常见的有以下两种不可逆性抑制剂：

（1）*巯基酶抑制剂* 巯基是许多酶的必需基团，抑制剂能与巯基进行不可逆结合，使酶的活性受到抑制。重金属盐（如 Ag^{+}、Hg^{2+}）、有机砷化合物（如路易斯毒气，又称氯乙烯氯砷）、有机汞（如对-氯汞苯甲酸）等都属于这类抑制剂。该类抑制剂的抑制作用可用二巯基丙醇（BAL）或二巯基丁二钠解除，使酶恢复活性。

$$E\left\langle\begin{array}{c}S\\ \\S\end{array}\right\rangle Pb + \begin{array}{c}COONa\\|\\CHSH\\|\\CHSH\\|\\COONa\end{array} \longrightarrow E\left\langle\begin{array}{c}SH\\ \\SH\end{array}\right. + \begin{array}{c}COONa\\|\\CHS\\|\\CHS\\|\\COONa\end{array}\left\rangle Pb\right.$$

二巯基丁二钠

（2）*羟基酶抑制剂* 羟基酶抑制剂能与许多以羟基为必需基团的酶结构中的羟基进行不可逆结合，使酶受到抑制。如有机磷酸酯类杀虫剂（敌百虫、敌敌畏等），能专一作用于胆碱酯酶活性中心内丝氨酸残基上的羟基，使胆碱酯酶磷酰化转变为磷酰化酶而失去活性。胆碱酯酶在机体内可水解乙酰胆碱，由于有机磷酸酯类杀虫剂使胆碱酯酶失活，造成乙酰胆碱在机体内积累，从而引起胆碱能神经过度兴奋，表现出一系列中毒症状（如心率减慢、瞳孔缩小、大小便失禁、呼吸困难，严重者会导致昏迷甚至死亡）。解磷定（PAM）能与有机磷酸酯类杀虫剂结合，使胆碱酯酶恢复活性，故在临床上用于抢救农药中毒的患者。

知识拓展

有机磷酸酯类中毒症状

M 样症状：恶心，呕吐，流涎，多汗，视物模糊，乏力，瞳孔缩小，肌肉震颤，流泪，支气管分泌物增多，肺部有干、湿啰音和哮鸣音，腹痛，腹泻，心动过缓等。

N 样症状：肌肉震颤，抽搐，肌无力，麻痹，心动过速，血压升高或下降等。

中枢症状：谵妄，呼吸抑制，可因呼吸麻痹或伴循环衰竭而死亡。

2. 可逆性抑制作用 指抑制剂通过非共价键与酶和（或）酶-底物复合物可逆性结合，使酶活性降低或消失，可用透析或超滤方法将抑制剂除去，使酶恢复催化活性。根据抑制剂和底物的关系，可逆性抑制剂又可分为竞争性抑制、非竞争性抑制和反竞争性抑制三类。

（1）竞争性抑制作用　抑制物与底物结构类似，可与底物竞争酶的活性中心，酶若与此类抑制剂结合，会使底物与酶结合的概率下降，从而阻碍酶对底物的催化作用，导致酶促反应速度减慢。抑制剂与底物S竞争酶活性中心结合部位，已结合抑制剂的酶活性中心结合部位就不能再结合底物，已结合底物的酶活性中心结合部位就不能再结合抑制剂（图2-7）。竞争性抑制作用的强弱，决定于抑制剂与底物的相对浓度。若增加底物浓度，在竞争性结合时，底物可占优势，抑制作用可削弱或解除。

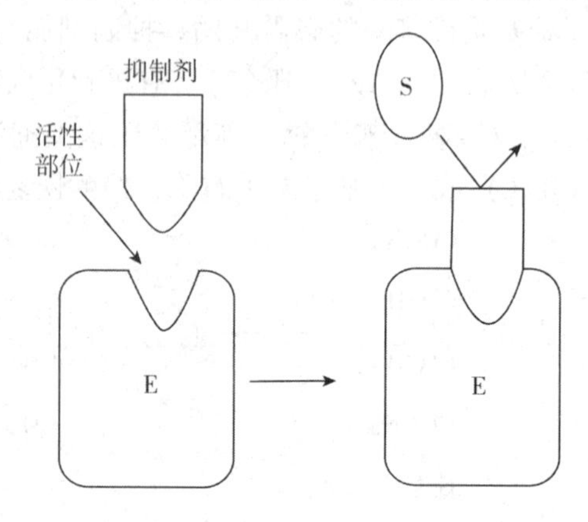

图2-7　竞争性抑制作用

临床上许多药物都是酶的竞争性抑制剂，例如磺胺类药物抑制细菌的作用就是基于这一原理。对氨基苯甲酸是某些细菌合成二氢叶酸的原料，细菌可利用二氢叶酸合成酶将对氨基苯甲酸合成二氢叶酸，二氢叶酸在菌体内在二氢叶酸还原酶作用下转变为四氢叶酸，而四氢叶酸是细菌合成核酸所必需的辅酶。由于磺胺类药物的结构与对氨基苯甲酸相似，能与对氨基苯甲酸竞争二氢叶酸合成酶，从而妨碍二氢叶酸的合成，最终导致细菌合成核酸受阻而影响其生长繁殖。另外，甲氧苄啶能特异地抑制细菌的二氢叶酸还原酶，增强磺胺类药物的抑菌作用，故称为磺胺增效剂（图2-8）。根据竞争性抑制作用的特点，在使用磺胺类药物时，必须保证药物在血液中的浓度高于对氨基苯甲酸的浓度，才能发挥疗效。许多抗代谢药物和抗癌药物也都是利用竞争性抑制作用原理发挥药效。

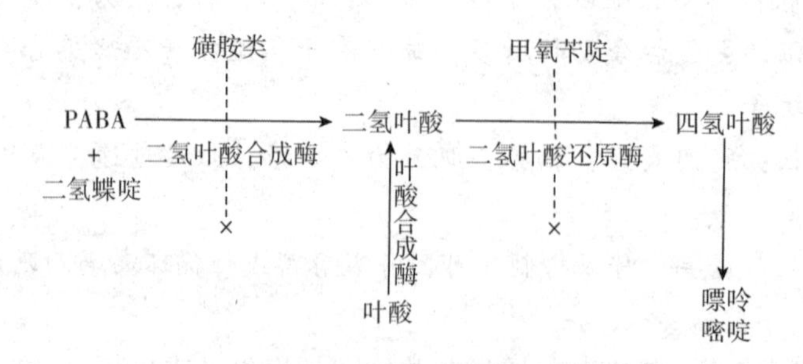

图2-8　磺胺药物作用机制

（2）非竞争性抑制作用　有些抑制剂与底物结构并不相似，也不与底物竞争酶的活性中心，而是与酶活性中心外的必需基团相结合，底物与抑制剂之间无竞争关系，但酶-底物-抑制剂复合物（ESI）不能进一步释放出产物。如图 2-9 所示，抑制剂（I）和底物（S）都可以和酶（E）结合，抑制剂（I）可以和酶（E）结合生成 EI，也可以和 ES 复合物结合生成 ESI。底物（S）和酶（E）结合生成 ES 后，也可与抑制剂（I）结合生成 ESI，但 ESI 复合物不能生成产物（P）。非竞争性抑制剂不影响底物与酶的结合，但破坏了酶的催化功能，故酶促反应速度减慢。

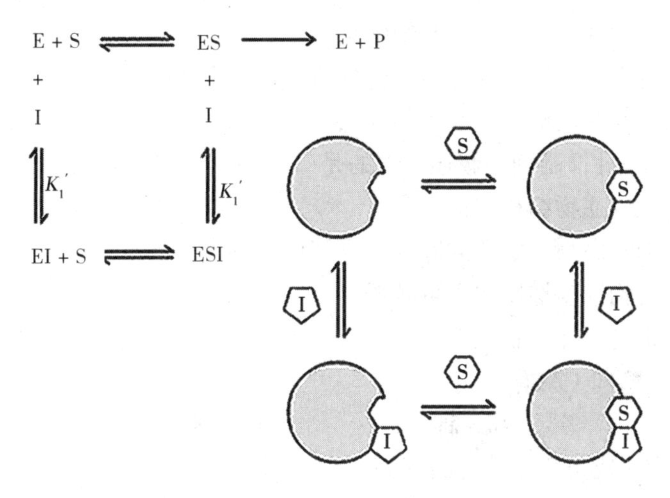

图 2-9　非竞争性抑制作用

（3）反竞争性抑制作用　此类抑制剂不与游离的酶（E）结合，仅与酶和底物形成的中间产物（ES）结合生成 ESI 复合物，使酶失去催化活性。ESI 生成后，使中间产物 ES 的量减少，这样既减少从中间产物转化为产物的量，同时也减少从中间产物解离出游离酶和底物的量（图 2-10）。不过这种抑制作用很少见，偶见于酶促水解反应中。

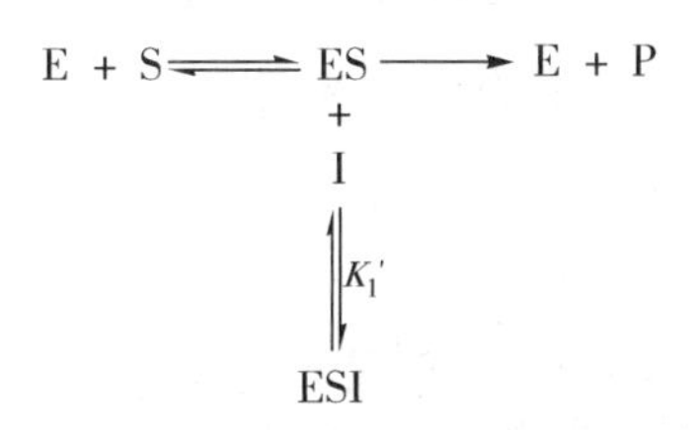

图 2-10　反竞争性抑制作用

目标测试

一、填空题

1. 酶的化学本质是________。
2. 酶的活性中心有两个必需基团________和________。
3. 酶催化作用的特点有________、________、________。

二、单选题

1. 下列有关酶的叙述，正确的是（　　）

   A. 生物体内的无机催化剂　　B. 催化活性都需要特异的辅酶

   C. 对底物都有绝对专一性　　D. 能显著地降低反应活化能

2. 辅酶和辅基的差别在于（　　）

   A. 辅酶为小分子有机物，辅基常为无机物

   B. 辅酶与酶共价结合，辅基则不是

   C. 经透析方法可使辅酶与酶蛋白分离，辅基则不能

   D. 辅酶参与酶反应，辅基则不参与

3. 关于酶竞争性抑制剂的叙述错误的是（　　）

   A. 抑制剂与底物结构相似

   B. 抑制剂与底物竞争酶的底物结合部位

   C. 增加底物浓度抑制作用可减弱

   D. 抑制剂与酶非共价结合

4. 乳酸脱氢酶同工酶有（　　）

   A. 2 种　　B. 3 种　　C. 4 种　　D. 5 种

5. 酶促反应中决定酶专一性的部分是（　　）

   A. 底物　　B. 辅基或辅酶　　C. 金属离子　　D. 酶蛋白

6. 有关酶 K_m 值的叙述错误的是（　　）

   A. K_m 值是酶的特征性常数

   B. K_m 值最大的底物是酶的最适底物

   C. K_m 值反映酶与底物的亲和力

   D. K_m 值在数值上是达到最大反应速度一半时所需要的底物浓度

三、判断题（对的打“√”，错的打“×”）

1. 人体生理的 pH 是体内各种酶的最适 pH。（　　）
2. K_m 可近似表示酶对底物亲和力的大小，K_m 愈大，表明亲和力愈大。（　　）
3. 非竞争性抑制中，一旦酶与抑制剂结合后，则再不能与底物结合。（　　）
4. 酶催化的高效性是因为其能降低反应的活化能。（　　）
5. 急性心肌梗死患者血清 LDH_1 活性明显升高。（　　）

四、名词解释

1. 酶　　2. 酶原　　3. 酶的活性中心　　4. 酶促反应

5. 同工酶

五、问答题

1. 影响酶促反应的因素有哪些？
2. 辅助因子的作用是什么？
3. 请说出几种辅酶类维生素及其作用。

第三章　核酸化学及核苷酸代谢

学习目标

1. 知识目标　掌握核酸的分子组成和主要功能。掌握单核苷酸之间的连接方式、DNA 一级结构的概念。掌握 DNA 二级结构要点。掌握 mRNA、rRNA、tRNA 的中文名称和功能。熟悉 tRNA 的二级结构。了解核酸的理化性质。熟悉 DNA 变性、复性和分子杂交的概念。熟悉核苷酸的合成原料及分解代谢的终产物。

2. 技能目标　认识核酸在自然界的存在形式和生命中的重要作用。知道痛风的相关知识。学会核酸的鉴别。

1868 年，瑞士外科医生 Miescher 首次从外伤感染渗出的脓细胞中分离得到一种酸性物质，最初称为核素，后来命名为核酸。

核酸（nucleic acid）是生物体内最重要的生物大分子之一，天然存在的核酸可分为核糖核酸（ribonucleic acid，RNA）和脱氧核糖核酸（deoxyribonucleic acid，DNA）两大类。DNA 存在于细胞核和线粒体内，其功能是大多数生物遗传信息的载体，决定细胞和个体的遗传特性，基因是 DNA 分子上一个小片段。RNA 主要存在于细胞质，参与遗传信息的复制与表达，是生物的生长、发育、繁殖和遗传得以继续进行的物质基础。在某些病毒中，RNA 也可作为遗传信息的携带者。

知识拓展

DNA 的研究发展

1944 年，美国科学家 Avery 等进行了“肺炎双球菌体外转化实验”，即从 S 型致病活细菌中提取 DNA、蛋白质和多糖等分别加入培养 R 型无致病性细菌的培养基中，结果发现只有 DNA 与 R 型细菌进行混合，才能使 R 型无致病细菌转化成 S 型致病细菌，并且 DNA 的含量越高，转化越有效。实验证明了 DNA 是转化因子，是遗传物质。1952 年，Hershey 和 Chase 用放射性同位素标记法，标记噬菌体和宿主菌，产生的子代噬菌体与亲代噬菌体形状、大小完全相同，也同样得出了 DNA 是遗传物质。1953 年 Watson 和 Crick 提出的 DNA 双螺旋结构模型，为现代分子生物学的研究发展奠定了基础，是生物化学、分子遗传学和分子生物学发展历史的重大里程碑。

第一节 核酸的化学组成及分类

一、核酸的基本组成及分类

1. 核酸的元素组成 组成核酸的主要元素有 C、H、O、N、P 等。其中 P 含量为 9%～10%。由于各种核酸分子中 P 的含量比较接近和恒定，故在测定组织中的核酸含量时常通过测 P 的含量来计算生物组织中核酸的含量。

2. 组成核酸的基本成分 核酸在酶、酸或碱的作用下，可逐步水解，最终生成磷酸、戊糖和含氮碱（碱基），由此说明，磷酸、戊糖和碱基是组成核酸的基本成分。

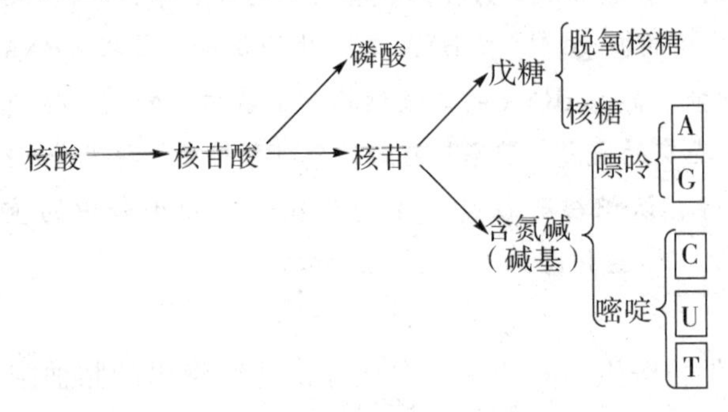

（1）磷酸 核酸分子中含有无机磷酸，所以呈酸性。

（2）戊糖（核糖） RNA 和 DNA 两类核酸是因所含戊糖不同而分类的。RNA 含 D-核糖，DNA 含 D-2 脱氧核糖，见图 3-1。

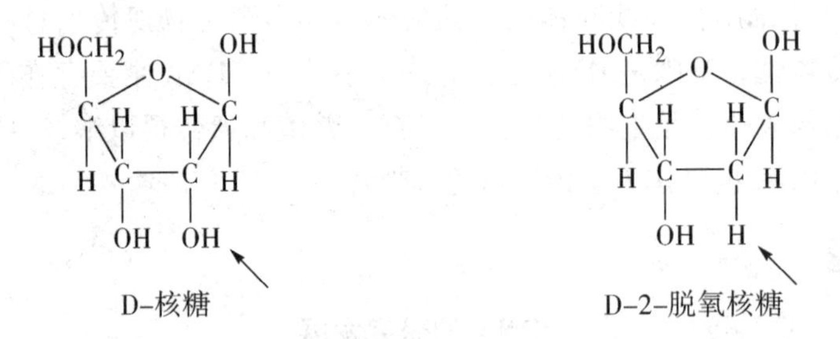

图 3-1 戊糖

（3）含氮碱（碱基） 核酸中的碱基包括嘌呤碱与嘧啶碱两类。

嘌呤碱主要有腺嘌呤（adenine，A）、鸟嘌呤（guanine，G）；嘧啶碱主要有胞嘧啶（cytosine，C）、尿嘧啶（uracil，U）和胸腺嘧啶（thymine，T），结构见图 3-2。

在 DNA 分子中含有 A、G、C、T 四种碱基；RNA 分子中含有 A、G、C、U 四种碱基，由此可看出 RNA 与 DNA 的共有碱基是腺嘌呤（A）、鸟嘌呤（G）、胞嘧啶（C）。此外，胸腺嘧啶（T）仅存在于 DNA 分子中，而尿嘧啶（U）只出现在 RNA 分子中。

3. 核酸的分类

（1）根据核酸中所含糖的不同分两大类 含脱氧核糖的称脱氧核糖核酸（DNA），

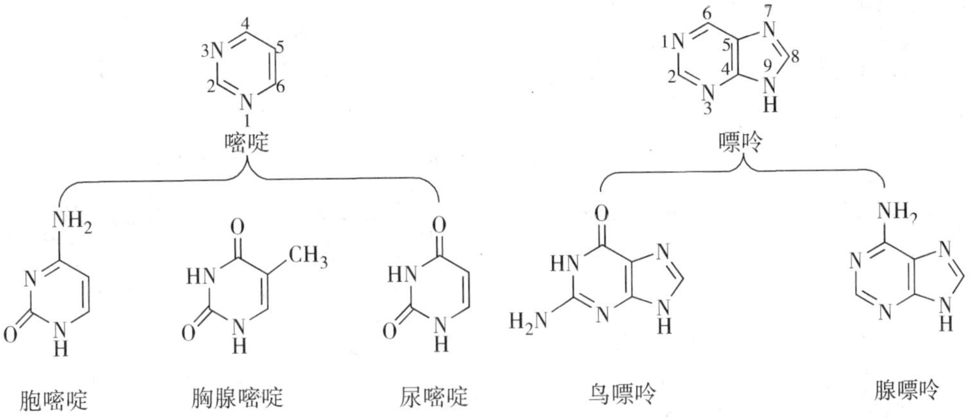

图 3-2　组成核酸的主要碱基

含核糖的称核糖核酸（RNA）。

（2）根据核酸中含氮碱基的不同分八大类　腺嘌呤脱氧核糖核酸，鸟嘌呤脱氧核糖核酸，胞嘧啶脱氧核糖核酸，胸腺嘧啶脱氧核糖核酸；腺嘌呤核糖核酸，鸟嘌呤核糖核酸，胞嘧啶核糖核酸，尿嘧啶核糖核酸。

二、核苷酸的化学组成及功能

核酸的分子量虽然很大，但其基本组成单位相对简单。组成核酸的基本结构单位是核苷酸（也称单核苷酸）。犹如蛋白质的基本组成单位是氨基酸一样，核酸是由数十个至数十万个核苷酸连接而形成的高分子化合物。核苷酸由核苷和磷酸组成。

（一）核苷酸的化学组成

1. 核苷　碱基与戊糖缩合的生成物称为核苷。不同的碱基与戊糖缩合可生成不同的核苷，如胞嘧啶与戊糖缩合的生成物称胞苷，腺嘌呤与戊糖缩合的生成物称为腺苷等。在核苷分子中，为了避免戊糖上碳原子的编号与碱基上的编号相混淆，常在戊糖上碳原子上标“′”以示区别。核苷的结构式如图 3-3 所示。

2. 核苷酸

（1）核苷酸的形成　核苷中戊糖基上的羟基与一分子的无机磷酸通过脱水缩合，以磷酸酯键相连形成的化合物为核苷酸。理论上戊糖上的所有游离羟基均可与磷酸形成酯键，分别形成 2′-核苷酸、3′-核苷酸、5′-核苷酸。但生物体内多数核苷酸的磷酸是连接在核糖或脱氧核糖的 C_5 上，形成 5′-核苷酸或 5′-脱氧核苷酸（图 3-4）。

RNA 的基本组成单位是四种核糖核苷酸：AMP、GMP、CMP、UMP。DNA 的基本组成单位是四种脱氧核糖核苷酸 dAMP、dGMP、dCMP、dTMP。

（2）核苷酸的连接　核苷酸是以磷酸二酯键相连聚合而成的生物大分子。DNA 和 RNA 中的核苷酸残基都是通过前一个核苷酸戊糖第 5′位碳原子上的磷酸羟基与下一个核苷酸戊糖第 3′位碳原子上的羟基脱水缩合，以“磷酸二酯键”相连。如图 3-7 所示。

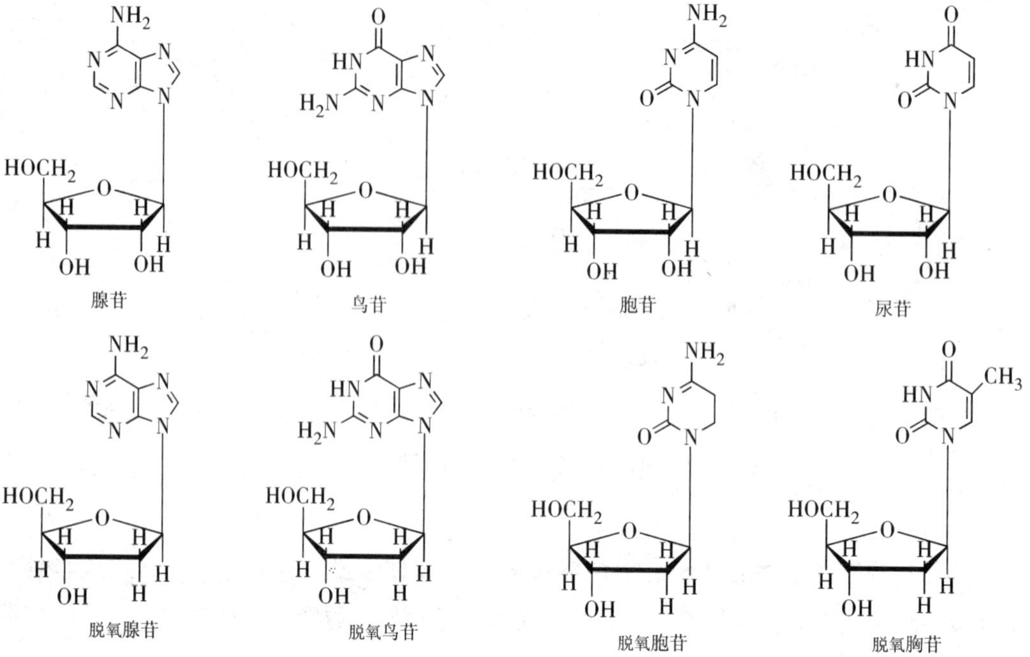

腺苷　鸟苷　胞苷　尿苷

脱氧腺苷　脱氧鸟苷　脱氧胞苷　脱氧胸苷

图 3-3　核苷的结构式

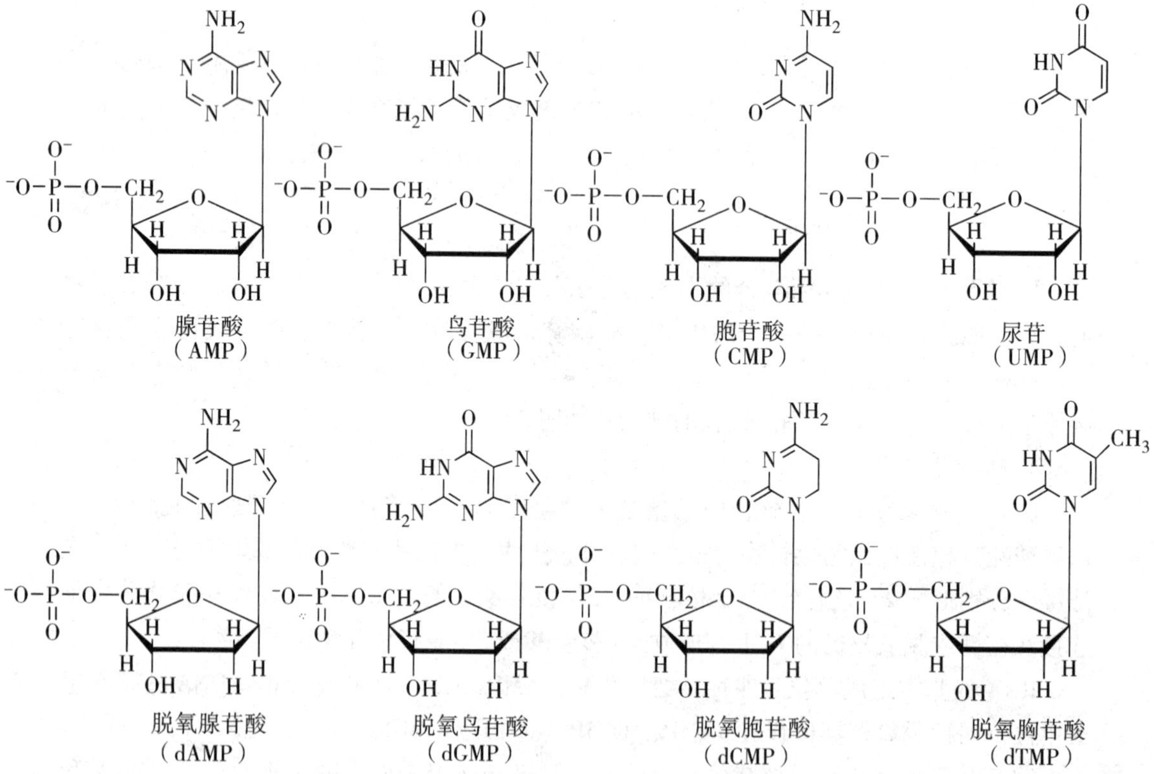

腺苷酸（AMP）　鸟苷酸（GMP）　胞苷酸（CMP）　尿苷（UMP）

脱氧腺苷酸（dAMP）　脱氧鸟苷酸（dGMP）　脱氧胞苷酸（dCMP）　脱氧胸苷酸（dTMP）

图 3-4　核苷酸的结构式

3. 几种重要的核苷酸衍生物

（1）多磷酸核苷酸　含有一个磷酸基团的核苷酸称为核苷-磷酸（NMP），可进一步磷酸化生成含有二个磷酸基团的核苷酸称为核苷二磷酸（NDP），在核苷二磷酸的基础上再次磷酸化又可生成含有三个磷酸基团的核苷酸称为核苷三磷酸（NTP）。其中 N 代表核苷，MP、DP、TP 分别代表一磷酸、二磷酸、三磷酸。如一磷酸腺苷（AMP）、二磷酸鸟苷（GDP）、三磷酸胞苷（CTP）等，以此类推。核苷二磷酸和核苷三磷酸分子中的磷酸键（P-O 化学键）与核苷一磷酸中 P-O 键不同，属高能磷酸键，当它们水解时，可分别释放出 30kJ/mol 的能量，而核苷一磷酸的 P-O 键是普通的磷酸酯键，水解时仅释放 14kJ/mol 的能量。因此，NDP 含有 1 个高能磷酸键，NTP 含 2 个高能磷酸键，含有高能键的化合物也称高能物质。其结构如图 3-5 所示。

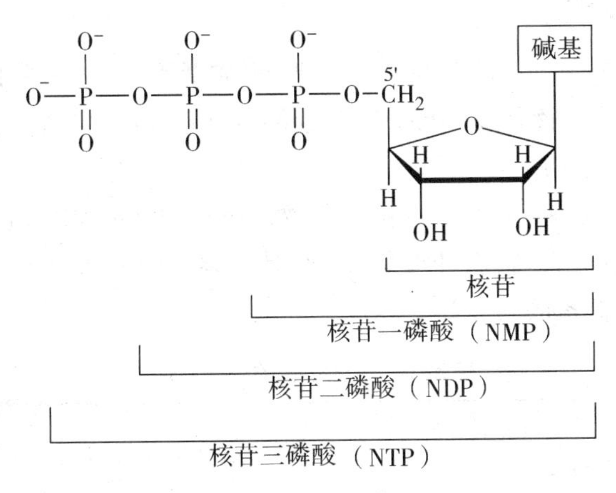

图 3-5　核苷及核苷酸结构通式

（2）环化核苷酸　核苷酸的衍生物，如环腺苷酸（cAMP）、环鸟苷酸（cGMP），是 ATP、GTP 在环化酶催化下，脱去一分子焦磷酸环化而成。结构式如图 3-6 所示。

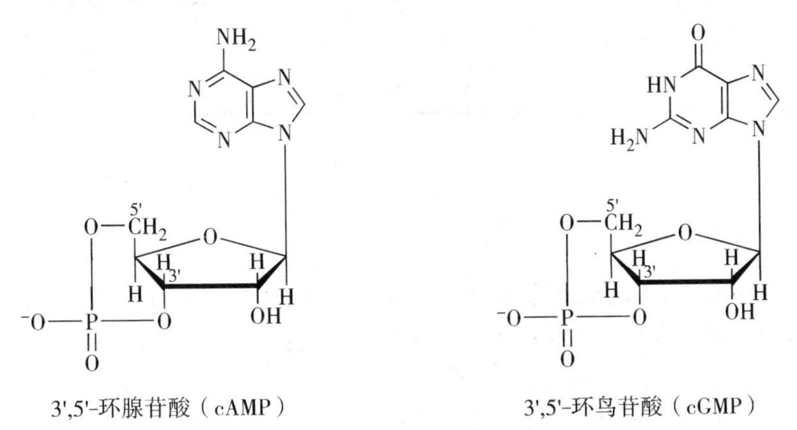

图 3-6　环化核苷酸的结构

（3）辅酶类核苷酸　体内有一些辅酶或辅基组成成分中含有核苷酸。辅酶 I（NAD^+）和辅酶 Ⅱ（$NADP^+$）都是由腺嘌呤核苷酸与尼克酰胺核苷酸组成的化合物；黄素腺嘌呤二核苷酸（FAD）是由黄素单核苷酸与腺嘌呤核苷酸组成的化合物。

（二）核苷酸的功能

1. 是DNA、RNA合成的原料及组成成分 四种脱氧三磷酸核苷（dNTP）和四种三磷酸核苷（NTP）分别是合成DNA和RNA的原料，而四种脱氧一磷酸核苷和四种一磷酸核苷则分别构成DNA和RNA基本单位。

2. 参与物质代谢与能量代谢 三磷酸核苷是能量物质，在物质代谢中为代谢反应和生理活动提供所需的能量。同时，它们也能直接参与物质代谢，如ATP可参与多种物质代谢、UTP参与糖原代谢、GTP参与蛋白质的合成、CTP参与脂类物质的代谢。

3. 构成酶的辅助因子 较常见含核苷酸的辅助因子有辅酶Ⅰ（NAD）、辅酶Ⅱ（NADP）、黄素腺嘌呤二核苷酸（FAD）和辅酶A（CoA）等，它们在生物氧化和物质代谢中起着极其重要的作用。

4. 参与物质代谢的调控 核苷酸的衍生物环腺苷酸（cAMP）和环鸟苷酸（cGMP）广泛存在于动植物细胞内，它们可作为第二信使，参与调节细胞代谢过程，控制生物的生长、分化和细胞对激素的效应等。

表3-1 两类核酸的分子组成

种类项目 \ 核酸		RNA	DNA
分布		细胞质	细胞核和线粒体内
元素组成		C、H、O、N、P	C、H、O、N、P
基本成分	磷酸	磷酸	磷酸
	戊糖（核糖）	D-核糖	D-2-脱氧核糖
	碱基（含氮碱）	A、G、C、U	A、G、C、T
基本单位	核苷酸	AMP、GMP、CMP、UMP	dAMP、dGMP、dCMP、dTMP

第二节 核酸的分子结构

核酸是由核苷酸以磷酸二酯键相连聚合而成的生物大分子。核苷酸借助3′,5′-磷酸二酯键连接形成了没有分支的线性大分子的多核苷酸链，构成多核苷酸链主链的是戊糖和磷酸。

RNA、DNA多核苷酸链片段及其简写式（图3-7、图3-8）。

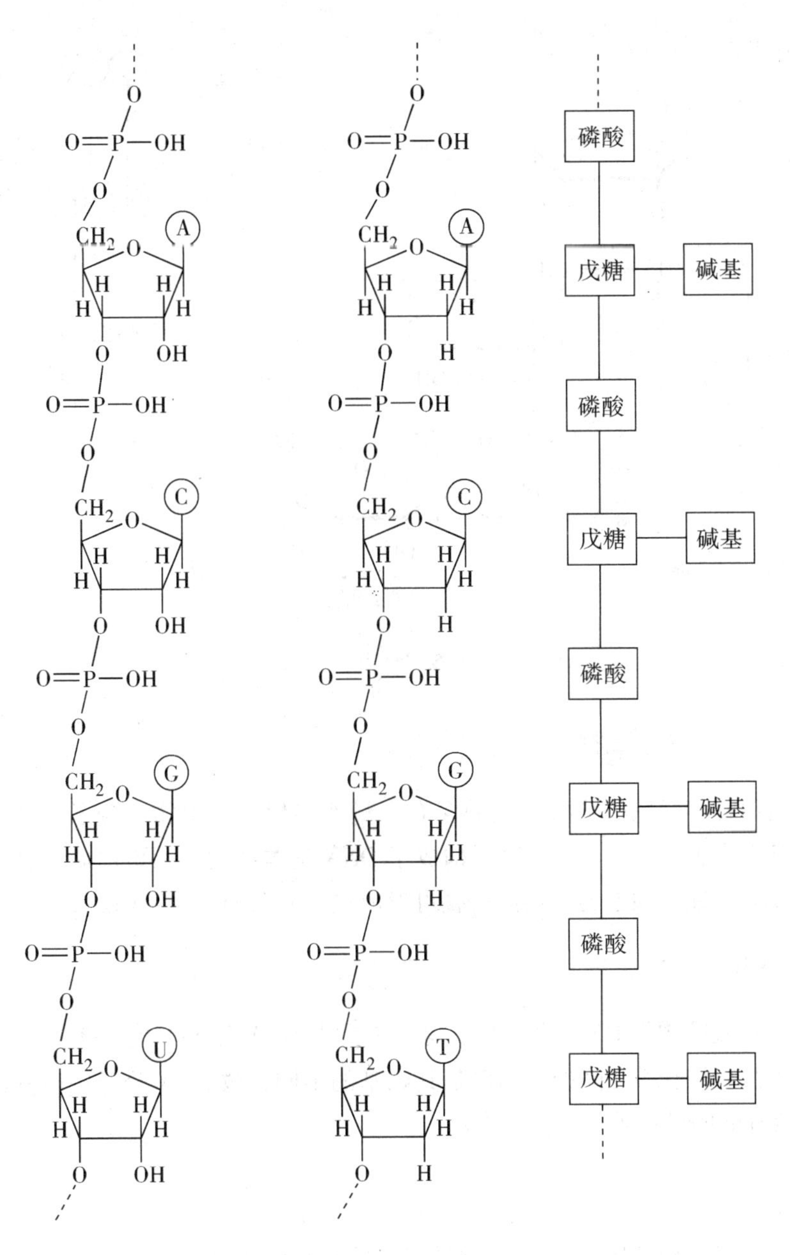

图 3-7　多核苷酸链结构示意图

图 3-8 的右侧是多核苷酸排列顺序的两种简写法。DNA 分子的每条多核苷酸链有两个末端，具有游离磷酸基的一端为 5′末端，有游离羟基的一端为 3′末端，书写时顺序是从 5′末端到 3′末端。

A 为线条式缩写，竖线表示脱氧核糖，AGCT 表示不同碱基，P 和斜线代表 5′,3′-磷酸二酯键。B 为文字式简写，P 表示磷酸基团，即核酸 5′末端， -OH 为戊糖 3′羟基，亦称 3′末端。习惯是将 5′末端作为多核苷酸链的“头”写在左边，将 3′末端作为“尾”写在右边，按 5′→3′的方向书写。

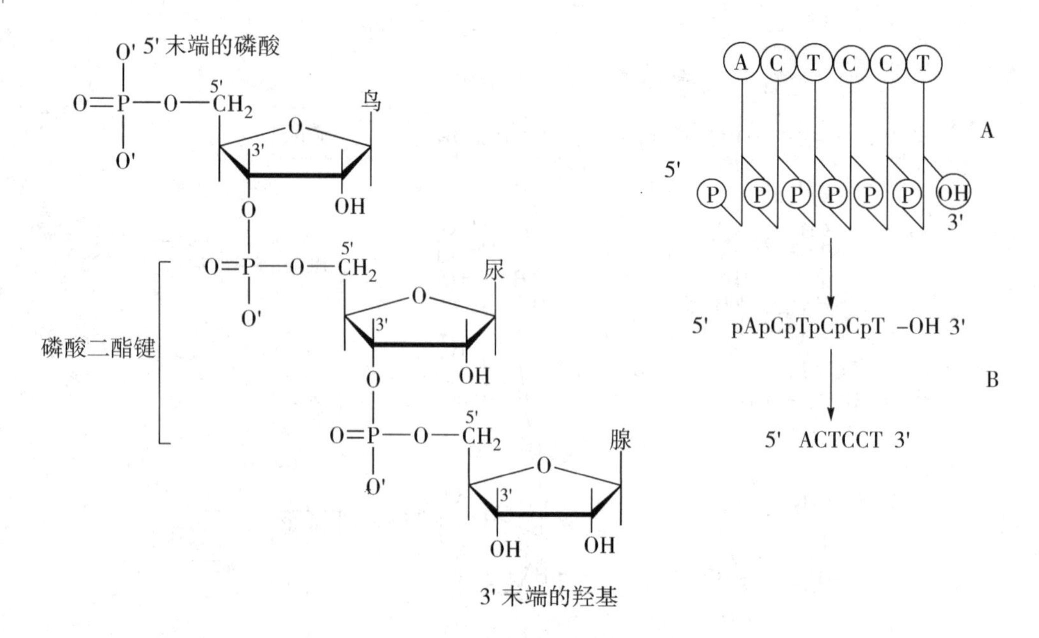

图3-8 核酸的一级结构及简写式

一、DNA的结构与功能

DNA是由许多脱氧核苷酸组成的含有大量遗传信息的生物大分子，其遗传信息均蕴藏在它们的碱基序列中。碱基序列构成了DNA基本结构，和蛋白质一样，在基本结构基础上，DNA在空间上通过卷曲折叠可形成更为复杂的空间结构。

（一）DNA的一级结构

DNA的一级结构是DNA的基本结构，它是指DNA分子中核苷酸的排列顺序（图3-7）。由于脱氧核苷酸之间的差别仅是其碱基的不同，故DNA分子中碱基的排列顺序就代表了核苷酸的排列顺序（图3-8）。

（二）DNA的二级结构

DNA的二级结构是指两条DNA单链形成的双螺旋结构。

1953年，沃森（Waston）和克里克（Crick）在总结前人研究的基础上，提出了著名的DNA双螺旋结构模型（图3-9），确定了DNA的二级结构。DNA的二级结构要点如下：

1. DNA分子是由两条反向平行（一条链走向是5′→3′，另一条链的走向是3′→5′方向）的脱氧核苷酸链沿同一中心轴盘绕而成的右手双螺旋结构。

2. 在DNA双链结构中，亲水的脱氧核糖基和磷酸基骨架位于双链的外侧，而碱基位于双螺旋结构内侧，与对侧链碱基相互通过氢键形成固定的配对方式，即A和T配对，形成两个氢键，G和C配对，形成三个氢键。这种碱基之间的互相配对称为碱基互补，DNA 分子中两条链彼此称为互补链。

3. 双螺旋直径为 2nm，两个相邻碱基的距离为 0.34nm，螺旋每旋转一圈包含 10 个碱基对（10 对核苷酸，10bp），每圈高度为 3.4nm，故每毫米长的 DNA 相当于 3000 个碱基对。

4. 由于两条核苷链的方向性，使配对碱基占据的空间不对称，因此在双螺旋的表面形成两个凹下去的沟，分别称为大沟和小沟。这些沟状结构对 DNA 与蛋白质的相互识别起重要作用。

5. 稳定 DNA 双螺旋结构的三种作用力：①维持横向稳定的氢键：两条链互补碱基之间氢键维持两条链的结合。②维持纵向稳定的碱基堆砌力：碱基之间的层层堆积形成疏水型核心，它是稳定 DNA 结构的主要力量。③磷酸基上的负电荷与介质中的正离子（如 Na^+、K^+、Mg^{2+} 等）之间形成的离子键。

DNA 的右手双螺旋结构是自然界 DNA 存在的最普遍方式，生理条件下绝大多数 DNA 以 B 型-DNA 存在，即 Watson 和 Crick 所提出的模型结构。由于自身序列、温度、溶液的离子强度或相对湿度不同，DNA 螺旋结构的中沟的深浅、螺距、旋转角度等都会发生一些变化。因此，双螺旋结构存在多样性，除了 B 型-DNA，还存在 A 型-DNA 和 Z 型-DNA。

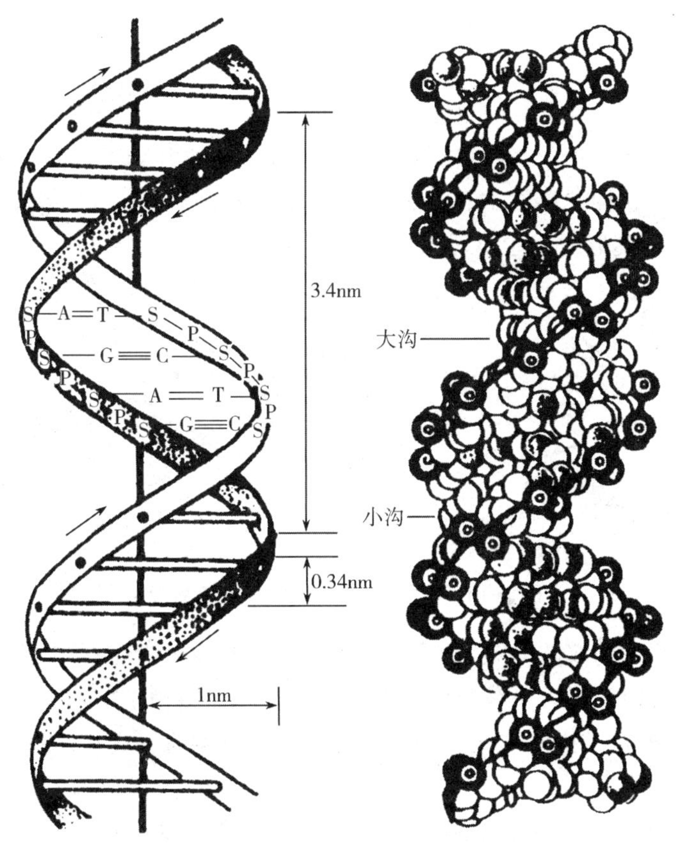

图 3-9 DNA 双螺旋结构模式图

（三）DNA 的功能

1. DNA 分子中，其碱基序列决定了 RNA 的核苷酸的序列，而 RNA 又决定了蛋白质分子中氨基酸的序列，所以蛋白质分子中氨基酸的排列顺序最初是由 DNA 的碱基序列所决定，DNA 核苷酸的组成及排列顺序发生改变将导致相应蛋白质的改变。不同的 DNA 其核苷酸数目和排列顺序不同，其含有的遗传信息也不同，因此 DNA 是遗传信息的载体。

2. DNA 的碱基构成具有下列重要特点：A 和 T 的数目相等，G 和 C 的数目相等（A = T，G = C）；嘌呤碱和嘧啶碱的数目相等（A + G = T + C）；不同生物种属的 DNA 碱基组成不同；同一个体不同器官、组织的 DNA 碱基组成相同。其中，碱基互补规则在遗传信息的传递“转录”与“翻译”过程中起着关键作用。

二、染色质与染色体

由于 DNA 是荷载遗传信息的生物大分子，其长度要求必须形成紧密折叠扭转的方式才能够存在于很小的细胞核内。因此，双螺旋链进一步盘曲所形成的空间构象，属超螺旋结构。即 DNA 的三级结构。

课堂互动

同学们想想“麻花”的样子。

超螺旋从字面上看意味着在螺旋基础上再螺旋，犹如电话话筒和电话机之间的电话线一般是螺旋的，这种螺旋线的再卷曲缠绕就形成超螺旋。细菌、病毒以及线粒体内 DNA 是以环状超螺旋形式存在的（图 3-10）。

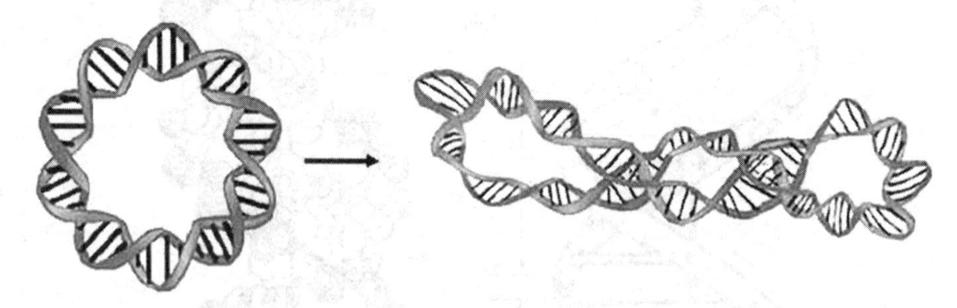

图 3-10　原核生物的环状 DNA 示意图

真核生物细胞内的双链 DNA 呈线状，以非常致密的形式存在于细胞核内，在细胞生活周期的大部分时间里以染色质的形式出现。染色质是由 DNA 和蛋白质构成，是真核细胞内 DNA 超螺旋结构的形式。当细胞准备有丝分裂时，染色质凝集，组装成形状特异的染色体。

染色质的基本结构单位是核小体。核小体是 DNA 双链进一步盘绕在以组蛋白（H1、H2A、H2B、H3、H4）分子为核心结构的表面所构成。两个核小体之间由约 60

个碱基对围绕组蛋白（H1）形成连接区域，使核小体链连成串珠状。核小体连成的串珠样线性结构再由每6个核小体为一圈进一步盘曲成直径为30nm螺旋筒结构，组成染色质纤维。经过多次的折叠卷曲，压缩，以染色体形式储存在细胞核中。

三、RNA的结构和功能

RNA在生命活动中具有重要作用，与蛋白质共同负责遗传信息的表达和表达过程的调控。RNA的种类、大小、结构多种多样，其功能也多不相同。目前人们把一个细胞内的全部RNA称为RNA组（表3-2）。

表3-2　动物细胞内的主要RNA及其功能

名称	简写符号	细胞定位	功能作用
信使RNA	mRNA	细胞核、细胞质、线粒体	蛋白质合成的模板
转运RNA	tRNA	细胞核、细胞质、线粒体	转运氨基酸
核糖体RNA	rRNA	细胞核、细胞质、线粒体	蛋白质生物合成的场所
不均一核RNA	hnRNA	细胞核、细胞质	成熟mRNA的前体

（一）RNA的一级结构

RNA的一级结构是RNA的基本结构，它是指RNA分子中核苷酸的排列顺序（图3-7）。由于核糖核苷酸之间的差别仅是其碱基的不同，故RNA分子中碱基的排列顺序就代表了核苷酸的排列顺序（图3-8）。

（二）RNA的结构特点和功能

1. 信使RNA　信使RNA（mRNA），它是蛋白质合成的模板，能将DNA分子中的遗传信息以蛋白质的方式体现出来。mRNA分子从5′末端开始，每3个核苷酸为一组，组成三联体密码或密码子，每个密码子代表多肽链上一个氨基酸。mRNA含量最少占总RNA的2%～5%，细胞核内最初合成的是不均一核RNA，其分子量比成熟的mRNA大，是mRNA前体。hnRNA经剪接加工转变为成熟mRNA，并移位到细胞质。

mRNA分子有以下特点：

（1）细胞内mRNA种类很多，分子量大小不一，由几百甚至几千个核苷酸构成。

（2）在真核细胞mRNA 5′末端有一个“帽子”结构（图3-11），即7-甲基鸟嘌呤核苷三磷酸结构（m7GPPPNm），帽状结构对促进mRNA与核蛋白体的结合、加速蛋白质生物合成的起始以及mRNA稳定性的维系等均有重要作用。

（3）大部分真核细胞mRNA 3′末端有一段长80～250个腺苷酸残基的尾巴，称为多聚A尾（Poly A），起稳定mRNA结构的作用。

2. 转运RNA　转运RNA（tRNA）在蛋白质合成中具有活化与转运氨基酸的作用，约占细胞内RNA总量的15%。tRNA核苷酸链长度较短，是分子量最小的RNA。

tRNA结构有以下特点：

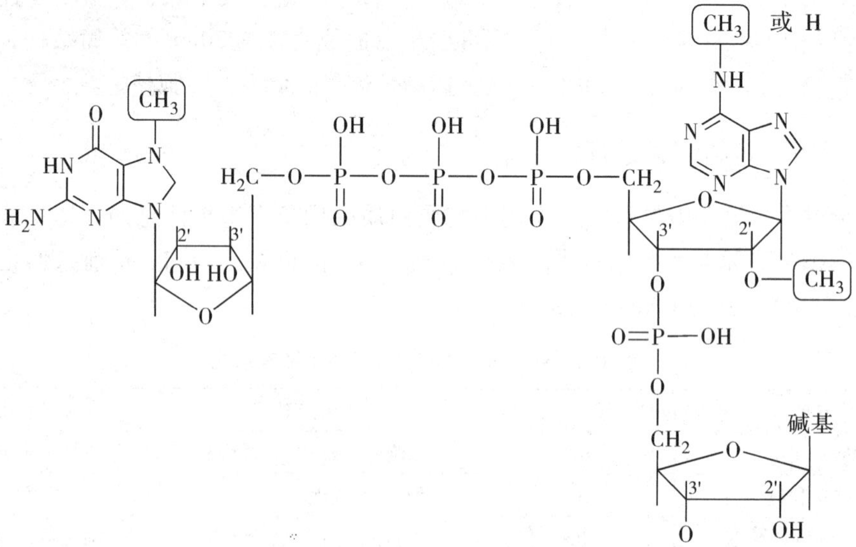

图 3-11　真核细胞 mRNA 5′末端的“帽子”结构

（1）tRNA 的一级结构特点　①由 70～90 个核苷酸组成；②含有较多稀有碱基，包括双氢尿嘧啶（DHU）、假尿嘧啶、次黄嘌呤（I）和甲基化嘌呤（如 mG，mA）等；③tRNA 分子的 3′末端均为-CCA-OH 结构，是 tRNA 结合和转运氨基酸所必需的部位。

（2）tRNA 的高级结构特点　RNA 大多数由多个核苷酸构成单链分子，但也有少数具有类似于 DNA 的双螺旋结构。单股的多核苷酸链可以发生自身回折，形成局部双链区，进而形成链内局部性螺旋结构，即为 RNA 的二级结构。双螺旋区的碱基按 A—U、C—G 的规律配对，通过氢键连接。tRNA 的二级结构呈“三叶草”形，局部双链互补区形成发夹结构或茎环结构，碱基配对构成的双螺旋区为“茎”，不能配对的部分称作“环”（图 3-12）。

tRNA 的三叶草形结构分为氨基酸臂、二氢尿嘧啶环（DHU 环）、反密码环和 TΨC 环。反密码环由 7 个核苷酸组成，其中间三个核苷酸构成反密码子，可以识别 mRNA 上密码子，引导氨基酸正确定位，实现了遗传密码信息向蛋白质的氨基酸信息顺序的流通。

tRNA 三级结构一般呈倒“L”形（图 3-13）。氨基酸臂与 TΨC 环构成字母“L”下面的一横，DHU 环与反密码环构成“L”的一竖。

3. 核糖体 RNA　核糖体 RNA（rRNA）是细胞内含量最多的 RNA，约占 RNA 总量的 80% 以上。rRNA 与多种蛋白质结合形成核糖体，是细胞合成蛋白质的场所，在蛋白质合成中起装配机作用。原核生物和真核生物的核糖体均由易于解聚的大小两个亚基组成。

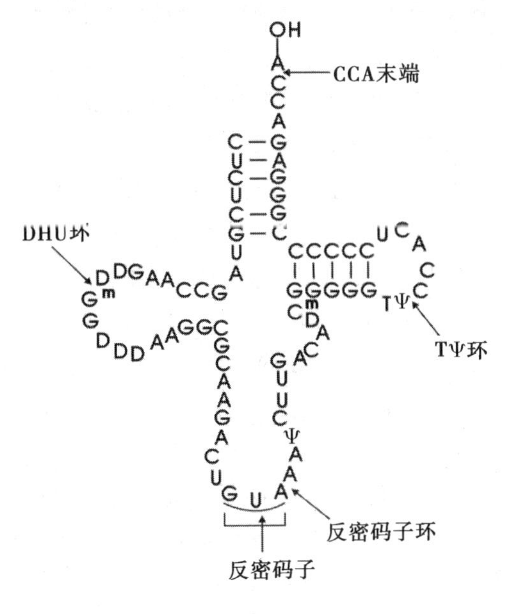

图 3-12　tRNA 二级结构

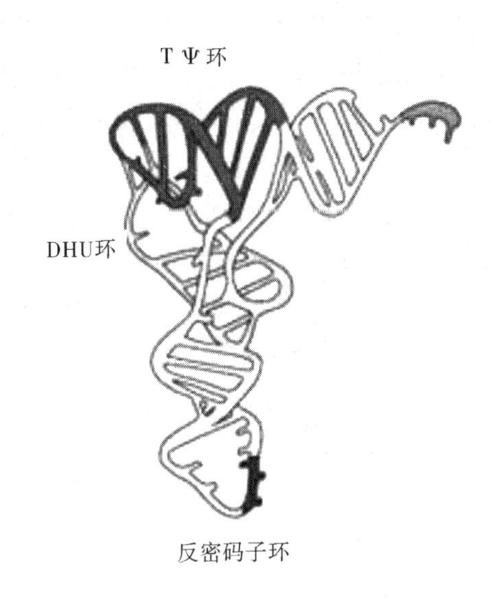

图 3-13　RNA 的三级结构

第三节　核酸的理化性质

一、核酸的基本性质

核酸是极性大分子化合物，DNA 的纯品为白色、类似于石棉样的纤维状物质；RNA 为白色结晶或非结晶性粉末。微溶于水，不溶于乙醇、乙醚、三氯甲烷等有机溶剂。

1. 线性大分子性质　DNA 的分子量特别巨大，一般在 $10^6 \sim 10^{10}$ 之间，若将人体细胞 DNA 展开成一直线，可长达 1.7m；RNA 的分子量较小，从几百到几百万。DNA 分子细长，在溶液中黏度大。不同种类核酸分子的分子量大小不同、形状各异，因而可用超速离心或凝胶过滤等方法加以分离和分析。

2. 两性电解质性质　核酸分子中既含有酸性的磷酸基，又含有碱性的嘌呤和嘧啶碱基。因此，核酸和蛋白质一样是两性电解质，具有一定的等电点，可以用电泳法进行研究。因磷酸基的酸性较强，核酸常表现为酸性，可与 Na^+、K^+、Ca^{2+}、Mg^{2+} 等金属离子生成盐，溶解度可增大。

3. 紫外线吸收性质　核酸分子中的嘌呤、嘧啶碱基中含有共轭双键，具有吸收紫外线的性质，其最大吸收峰在 260nm 附近，利用这一特性可对核酸进行定性、定量测定。

二、核酸分子的变性、复性和分子杂交

（一）DNA 的变性

在某些理化因素（加热、酸、碱、乙醇、丙酮、尿素等）作用下，导致双螺旋

DNA 分子中互补碱基之间的氢键发生断裂，使双链 DNA 解离成两条单链的过程称为 DNA 的变性。DNA 变性只改变二、三级结构，磷酸二酯键并不断裂，所以变性作用并不破坏核酸的一级结构。变性后核酸理化因素发生很大变化，如 DNA 变性后，在波长 260nm 处的紫外吸收值增高，此种现象称为 DNA 的增色效应。

因温度升高而引起 DNA 变性称为热变性。DNA 的变性是爆发性的，像结晶体的熔化一样，是在一个较狭窄的温度范围内迅速发生并完成。通常把 DNA 双链解开 50% 时的环境温度称为 DNA 的解链温度或溶解温度（T_m）。DNA 的 T_m 值一般在 70℃ ~85℃ 之间，其高低与 DNA 长短以及分子中碱基组成有关，G - C 对含量越多，T_m 值越大。这是因为 G—C 对比 A—T 对之间多一个氢键，变性时要消耗的能量更多。

（二）DNA 的复性与分子杂交

变性 DNA 在适当条件下（如温度或 pH 恢复到生理范围），两条彼此分开的单链重新缔合成双螺旋结构，称为 DNA 的复性或退火。热变性的 DNA 必须缓慢冷却，才可以复性。若将 DNA 变性温度突然急剧下调到 4℃ 以下，DNA 复性不能进行。

将不同来源的 DNA 单链或 RNA 放在同一溶液中，只要两种单链分子的核苷酸序列含有可以形成碱基互补的片段，彼此间就可以形成局部双链，这一过程称为核酸分子杂交。杂交的单链分子可以是 DNA-DNA，RNA-RNA 或 DNA-RNA 之间局部形成互补片断。核酸分子杂交技术已在疾病的诊断及科学研究中得到广泛应用。

知识拓展

分子杂交技术的临床应用

分子杂交技术在临床医学中已得到广泛的应用。在此项技术诞生之前，对一些遗传疾病的产前诊断，一般是检查细胞核型或酶活性，因灵敏度差，易漏诊。现在可从羊水细胞中分离出微量 DNA，再加入已知的特异核苷酸片段，进行杂交，然后进行基因检测，极大地提高了遗传病诊断的准确率。Southern 杂交、Northern 杂交、原位杂交（ISH）、荧光原位杂交（FISH）、芯片杂交（属于固-液相杂交）等每一种杂交技术都有其特点，因探针的选择不同又可以衍生出许多相关的技术，在不同领域发挥着重要作用。

第四节 核苷酸代谢

核苷酸分为嘌呤核苷酸和嘧啶核苷酸两大类，是核酸的基本组成单位。人体所需的核苷酸主要来自机体自身合成，食物中的核苷酸极少被人体利用。核苷酸除主要作为核酸的基本构件分子外，也有些游离存在的核苷酸分布于体内各处，承担着多种重要的生物学功能。

一、嘌呤核苷酸的合成与分解

（一）嘌呤核苷酸的合成

机体内核苷酸的合成有两条途径，包括以小分子化合物为原料的从头合成途径和利用体内游离嘌呤或嘌呤核苷合成的补救合成途径。

1. 嘌呤核苷酸的从头合成 利用磷酸核糖、氨基酸、一碳单位及 CO_2 等简单物质为原料合成嘌呤核苷酸的过程，称为从头合成途径，是体内的主要合成途径。

（1）合成原料 5-磷酸核糖、甘氨酸、天门冬氨酸、谷氨酰胺、CO_2 和一碳单位（N^{10}-甲酰基四氢叶酸，N^5,N^{10}-次甲基四氢叶酸）。嘌呤环各元素来源见图 3-14。

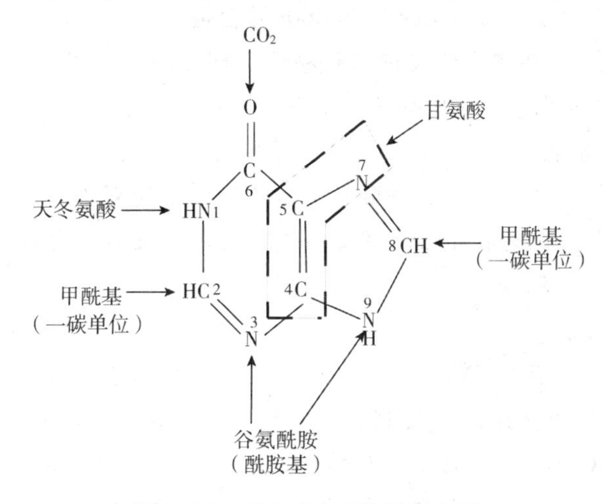

图 3-14 嘌呤碱合成的元素来源

（2）合成过程 嘌呤核苷酸的从头合成主要在细胞液中进行，可分为两个阶段：首先合成次黄嘌呤核苷酸（IMP）；然后通过不同途径分别生成 AMP 和 GMP。

①IMP 的合成：IMP 的合成包括 11 步反应，首先 5-磷酸核糖受磷酸戊糖焦磷酸激酶催化生成 5-磷酸核糖-1-焦磷酸（PRPP）。然后在 PRPP 的基础上经过多步酶促反应生成 IMP。

②AMP 和 GMP 的合成：IMP 是嘌呤核苷酸合成的中间产物，它是 AMP 和 GMP 的前体。在腺苷酸代琥珀酸合成酶的催化下，IMP 与天冬氨酸合成腺苷酸代琥珀酸，然后再生成 AMP。IMP 还可受脱氢酶催化，生成黄嘌呤核苷酸（XMP），然后再生成 GMP。

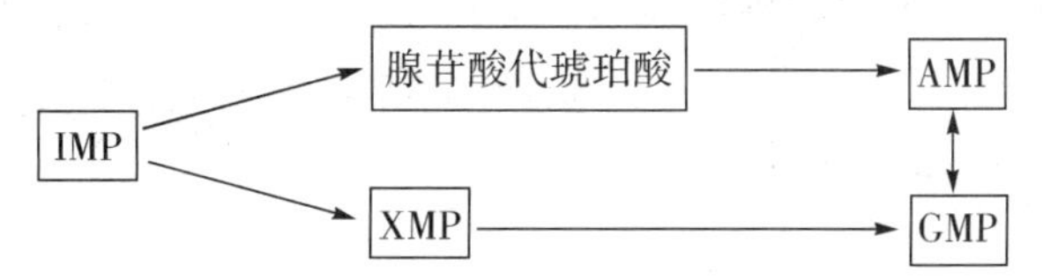

AMP 和 GMP 在激酶的作用下，经磷酸化反应生成 ADP、GDP、ATP、GTP。

嘌呤核苷酸从头合成途径的重要特点，是在磷酸核糖分子上逐步合成嘌呤环结构，而不是先生成嘌呤碱然后再与磷酸核糖结合。肝细胞是从头合成嘌呤核苷酸的主要器官，其次是小肠黏膜及胸腺，体内并不是所有细胞都具有从头合成嘌呤核苷酸的能力。

2. 嘌呤核苷酸的补救合成途径 利用体内游离嘌呤或嘌呤核苷，经简单反应过程生成嘌呤核苷酸的过程，称补救合成途径。在部分组织如脑、骨髓中只能通过此途径合成核苷酸。

嘌呤核苷酸补救合成是一种次要途径。其生理意义一方面在于可以节省能量及减少氨基酸的消耗。另一方面对某些缺乏从头合成途径的组织，如人的白细胞和血小板、脑、骨髓、脾等，具有重要的生理意义。其过程受阻可诱发一些疾病，如 Lesch-Nyhan 综合征（或称自毁容貌症）。

知识拓展

Leseh-Nyhan 综合征

由于次黄嘌呤-鸟嘌呤磷酸核糖转移酶（HGPRT）的严重遗传缺陷所致。此种疾病是一种性染色体遗传缺陷，常见于男孩。由于 HGPRT 缺乏，使得分解产生的 PRPP 不能被利用而堆积，促进嘌呤过度合成，从而使嘌呤分解产物尿酸增高，产生种种脑和肾脏的损害。患者表现脑发育不全，智力低下，攻击和破坏性行为，常咬伤自己的嘴唇、手和足趾，故亦称自毁容貌症。神经系统症状的机制尚不清楚。

3. 脱氧核苷酸的生成在二磷酸核苷水平上进行 细胞在分裂增殖时需要大量脱氧核苷酸（dNTP）作为合成 DNA 的原料，它们都是由二磷酸核苷（NDP）直接还原而成的（N 代表 A、G、C、U）。由核糖核苷酸还原酶催化。即 NDP 脱下核糖 C_2 羟基上的氧而直接生成相应的 dNDP，然后经磷酸化后形成相应的 dNTP。

$$\mathrm{NDP} \xrightarrow[\text{核糖核苷酸还原酶}]{\mathrm{NADPH + H^+} \searrow \quad \nearrow \mathrm{NADP^+ + H_2O}} \mathrm{dNDP}$$

（二）嘌呤核苷酸的分解

嘌呤核苷酸主要在肝、肾及小肠进行分解。体内大部分嘌呤碱最终分解生成尿酸经肾随尿液排出体外。AMP 经分解反应降解为黄嘌呤，进而在黄嘌呤氧化酶作用下被氧化生成尿酸；而 GMP 分解生成的鸟嘌呤也可经氧化转变为黄嘌呤，最终也生成尿酸。

AMP → → → 次黄嘌呤 —(黄嘌呤氧化酶)→ 黄嘌呤 —(黄嘌呤氧化酶)→ 尿酸

GMP → → 鸟嘌呤 → 黄嘌呤

正常生理情况下，嘌呤合成与分解处于相对平衡状态，所以尿酸的生成与排泄也较恒定。正常人血浆中尿酸含量为 119 ~ 375μmol/L（2 ~ 6mg/dL）。男性平均为 270μmol/L（4.5mg/dL），女性平均为 210μmol/L（3.5mg/dL）左右。尿酸难溶于水，当体内核酸大量分解（白血病、恶性肿瘤等）或食入高嘌呤食物时，血中尿酸水平升高，当超过480μmol/L（8mg/dL）时，尿酸盐将过饱和而形成结晶，沉积于关节、软组织、软骨及肾等处，而导致关节炎、尿路结石及肾疾患，称为痛风症。痛风症多见于成年男性，其发病机理尚未阐明。

临床上常用促进尿酸排泄药，如苯溴马隆、丙磺舒等，及抑制尿酸生成药别嘌呤醇治疗痛风症。别嘌呤醇与次黄嘌呤结构类似，可抑制黄嘌呤氧化酶，从而抑制尿酸的生成。

二、嘧啶核苷酸的合成与分解

（一）嘧啶核苷酸的合成

1. 嘧啶核苷酸的从头合成

（1）合成原料　5-磷酸核糖、天冬氨酸、谷氨酰胺、CO_2，胸腺嘧啶核苷酸在合成时需要一碳单位（$N^5,N^{10}-CH_2-FH_4$）参与。

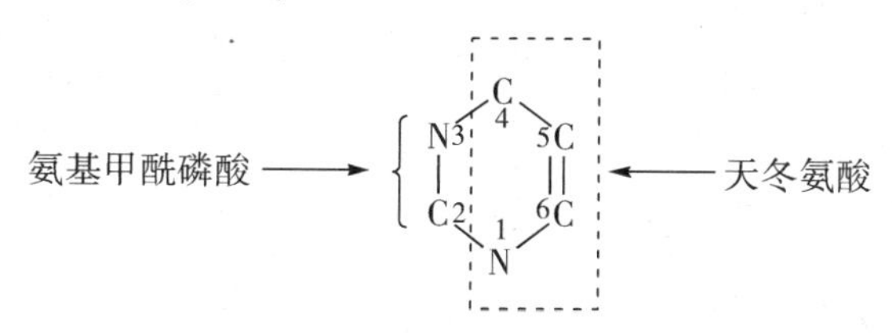

（2）合成过程　嘧啶核苷酸的合成首先合成了UMP，然后再由UMP转化为其他嘧啶核苷酸。在合成UMP时先合成嘧啶环，然后再接受PRPP提供的5-磷酸核糖而生成。

知识拓展

乳清酸尿症（orotic aciduria）

乳清酸尿症是一种遗传性疾病，主要表现为尿中排出大量乳清酸、生长迟缓和重度贫血。是由于催化嘧啶核苷酸从头合成反应酶的缺陷所致。临床用尿嘧啶或胞嘧啶治疗。尿嘧啶经磷酸化可生成UMP，从而抑制嘧啶核苷酸的从头合成。

2. 嘧啶核苷酸的补救合成途径　嘧啶核苷酸补救合成途径起主要作用的酶是嘧啶磷酸核糖转移酶，可催化尿嘧啶、胸腺嘧啶和乳清酸与PRPP反应生成相应的嘧啶核苷酸，但此酶对胞嘧啶不起催化作用。

（二）嘧啶核苷酸的分解

嘧啶核苷酸的分解代谢主要在肝脏中进行。首先通过核苷酸酶及核苷磷酸化酶的作用，分别除去磷酸和核糖，产生的嘧啶碱再进一步分解。经脱氨基、氧化、还原及脱羧基等反应。胞嘧啶脱氨基转变为尿嘧啶。尿嘧啶和胸腺嘧啶先在二氢嘧啶脱氢酶的催化下，由 $NADPH + H^+$ 供氢，分别还原为二氢尿嘧啶和二氢胸腺嘧啶。二氢嘧啶酶催化嘧啶环水解，分别生成 β-丙氨酸和 β-氨基异丁酸。β-丙氨酸和 β-氨基异丁酸可继续分解代谢。β-氨基异丁酸亦可随尿排出体外。食入含 DNA 丰富的食物、经放射线治疗或化学治疗的患者，以及白血病患者，尿中 β-氨基异丁酸排出量增多。与嘌呤碱的降解产物尿酸不同的是，嘧啶碱的降解产物均易溶于水，可直接随尿排出。

目标测试

一、填空题

1. 核酸的基本组成单位是________。

2. 各种核酸分子中的________含量比较接近和恒定，约________%，故在测定组织中的核酸含量时常以此含量来计算生物组织中核酸的含量。

3. 在核酸分子中，单核苷酸之间的主要连接方式是________。

4. 核酸分子最大吸收峰在________nm 附近，利用这一特性可对核酸进行________测定。

二、单选题

1. 下列哪种碱基只存在于 RNA 而不存在于 DNA 中(　　)

A. 腺嘌呤　　B. 鸟嘌呤　　C. 尿嘧啶　　D. 胸腺嘧啶

2. 有关 ATP 的正确叙述是(　　)

A. 是核酸的一种　　B. 含有三个高能磷酸键

C. 含有两个磷酸基　　D. 是体内的主要供能物质

3. DNA 变性主要是下列哪种键断裂(　　)

A. 碱基间氢键　　B. 磷酸二酯键

C. 链中疏水键　　D. 核苷酸中的糖苷键

4. 单链 DNA 5′-CGGTA-3′，能与下列哪一种 RNA 杂交(　　)

A. 5′-GGCUA-3′　　B. 5′-GCCAU-3′

C. 5′-UACCG-3′　　D. 5′-UAGGC-3′

5. 嘌呤核苷酸合成的第一步首先合成下列哪一种物质(　　)

A. IMP　　B. AMP　　C. GMP　　D. XMP

6. 某一核酸分子是由 78 个核苷酸组成的一条多核苷酸链，其中 10% 是 T、DHU，含 I 和 ψ 等稀有碱基，其二级结构为三叶草形，此核酸分子属于(　　)

A. tRNA　　B. mRNA　　C. rRNA　　D. hnRNA

7. 人体嘌呤核苷酸分解代谢主要终产物是(　　)

A. 肌酸　　B. 尿素　　C. 尿酸　　D. 肌酐

8. 经化学治疗的癌症患者，尿中排出量增多的是(　　)

A. 尿酸　　B. 尿素　　C. β-丙氨酸　　D. β-氨基异丁酸

9. dTMP 合成需要下列哪种一碳单位(　　)

A. $N^5-CH_3-FH_4$　　B. N^5，$N^{10}-CH_2-FH_4$

C. $N^{10}-CHO-FH_4$　　D. $N^5-CH=NH-FH_4$

10. tRNA 的二级结构中，与氨基酸结合的部位是(　　)

A. 氨基酸酸臂　　B. 反密码环

C. DHU 环　　D. TψC 环

11. 如果双链 DNA 的胸腺嘧啶含量为碱基总量的 20%，则鸟嘌呤含量为(　　)

A. 20%　　B. 10%　　C. 30%　　D. 40%

12. 关于 DNA 的变性与复性，不正确的说法是(　　)

A. 过酸或过碱的环境均会使 DNA 分子变性

B. 热变性后迅速冷却可加速复性

C. DNA 变性后在 260nm 波长处紫外吸收出现增色效应

D. DNA 变性时双链 DNA 解离成两条单链

13. 痛风症患者血中增高的是(　　)

A. 尿素　　B. 尿酸　　C. 肌酸　　D. 肌酐

14. 双链 DNA 有较高的解链温度是由于它含有较多的(　　)

A. 嘌呤　　B. 嘧啶　　C. A 和 T　　D. C 和 G

三、判断题（对的打“√”，错的打“×”）

1. 核酸实验中最常用的变性方法是升高温度。(　　)

2. RNA 中出现稀有碱基最多的是 mRNA。(　　)

3. 双螺旋结构中 A 与 T 由两个氢键配对。(　　)

四、名词解释

1. T_m 值　　2. 核小体　　3. 分子杂交

五、问答题

1. 试比较 DNA 和 RNA 的组成成分和基本单位的异同。

2. 细胞内有哪几种主要的 RNA，其主要功能是什么?

3. 试述 DNA 双螺旋结构模型的要点。

第四章 遗传信息的传递与表达

学习目标

1. 知识目标 掌握复制、半保留复制、转录、反转录、翻译和基因工程的概念；熟悉参与复制的酶类，复制的过程，转录的过程和蛋白质生物合成的过程，遗传密码子的概念和特点，以及三种 RNA 在蛋白质合成过程中的作用；了解 DNA 损伤的修复，基因工程的步骤，分子病的概念。

2. 技能目标 认识 DNA 是遗传信息的储存者，RNA 是遗传信息的传递者，蛋白质是各种生命活动的体现者。了解基因工程在医学上的应用。

遗传是机体非常重要的生命活动，染色体是遗传信息的载体，DNA 是遗传的物质基础，它通过分子中碱基的排列顺序来储存遗传信息。遗传信息的功能单位就是 DNA 分子中含有特定遗传信息的一段脱氧核苷酸序列，称为基因（gene），通过基因表达可生成蛋白质。遗传信息的传递包括基因的遗传与表达。基因的遗传是指遗传信息从亲代传给子代，主要通过 DNA 的复制来实现；基因的表达是通过转录将 DNA 的遗传信息传递给 mRNA，再通过翻译将 mRNA 上的遗传信息传递给蛋白质，最后由蛋白质表现出各种遗传性状。这种遗传信息传递规律称为遗传的中心法则。自然界绝大部分生物体以这种方式传递遗传信息。

1970 年，Temin 发现 RNA 病毒能进行自身复制，并且能以病毒 RNA 为模板，指导 DNA 的合成，从而阐明了反转录机制，对经典的中心法则进行了补充和完善。补充后的中心法则如下：

复制 DNA $\underset{反转录}{\overset{转录}{\rightleftharpoons}}$ RNA $\xrightarrow{翻译}$ 蛋白质

第一节 DNA 的生物合成

同一种生物个体间细胞内 DNA 数量、大小都相同，仅有具体的碱基排列根据其亲代不同而呈现规律性的变化；同一个体内每个细胞中 DNA 分子数量、大小以及碱基序列都完全相同，这都依赖于 DNA 的精确复制。DNA 复制是指生物体内以亲代 DNA 为模板合成子代 DNA 的过程，DNA 的生物合成方式有复制、反转录与修复。复制是 DNA 生物合成的主要方式。少数 RNA 病毒，能以 RNA 为模板合成 DNA，此过程称为反转录。此外，环境因素造成 DNA 结构损伤后，生物体能通过修复系统进行 DNA 的修复合成，以保持遗传的稳定性。

一、DNA 的复制——半保留复制

当细胞分裂，DNA 进行复制时，亲代 DNA 的两条双螺旋链解开成为两股单链，并各自作为模板，以四种脱氧核糖核苷酸（dNTP）为原料，按照碱基配对规律（A-T、C-G），合成两条互补的子链。这种以亲代 DNA 为模板合成与其完全相同的子代 DNA 的过程，称为 DNA 的复制。在新合成的子代 DNA 分子中，一条链来自亲代，另一条链则是新合成的，这种复制方式称为半保留复制（图 4-1）。

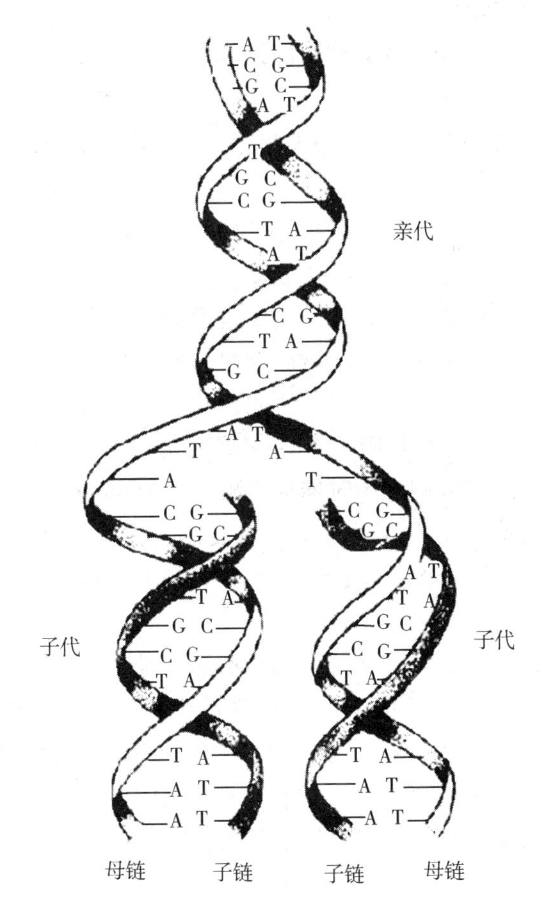

图 4-1 DNA 的半保留复制

半保留复制是 DNA 复制的主要方式，它能使遗传信息从亲代 DNA 传递到子代 DNA 上，且表现出高度的保真性。

二、DNA 的复制过程

（一）参与复制的物质

DNA 复制是由多种酶和蛋白质因子，以及小分子化合物等参加的复杂过程。参与复制的物质有：

1. 模板 在复制时，亲代 DNA 解螺旋形成两条单链，这两条单链均可作为复制的模板，指导 dNTP 按照碱基配对原则合成新链。

2. 原料 DNA 合成的原料是四种脱氧核苷三磷酸，即 dATP、dGTP、dCTP 和 dTTP。

3. 引物 引物为一小段 RNA，其作用是提供 3′-OH 末端，以便 dNTP 能够依次聚合。

4. 能量 由 ATP 及原料本身提供。

5. 酶类及蛋白因子 参与 DNA 复制的酶和蛋白因子主要有解螺旋酶、拓扑异构酶、单链 DNA 结合蛋白、引物酶、DNA 聚合酶和连接酶等。

（1）*解螺旋酶* 解螺旋酶是促进 DNA 双链分离为单链的一类酶。此单链可以作为 DNA 复制的模板。

（2）*单链 DNA 结合蛋白* 解开的两条单链有恢复双链的倾向，从而妨碍其模板作用。单链 DNA 结合蛋白能与解开的 DNA 单链结合，防止单链重新形成双螺旋，维持 DNA 分子处于单链状态，便于复制，并防止单链模板被细胞内的核酸酶水解。

（3）*DNA 拓扑异构酶* DNA 解链过程中会出现打结、缠绕、连环现象，这就需要拓扑异构酶。拓扑异构酶能断开 DNA 双链中的一股或两股，消除 DNA 解链时的缠绕，在适当时候又可封闭切口。并在复制完成后将 DNA 分子引入超螺旋。

（4）*引物酶* 引物酶是复制起始时催化 RNA 引物合成的酶。它以复制起始部位的 DNA 链为模板，催化合成一小段 RNA 引物。在复制完成后，引物被水解除去。

（5）*DNA 聚合酶* DNA 聚合酶主要催化四种 dNTP 通过磷酸二酯键以 5′→3′方向聚合起来。

在原核生物大肠杆菌中已发现有三种 DNA 聚合酶，分别被称为 DNA 聚合酶Ⅰ、Ⅱ、Ⅲ。DNA 聚合酶Ⅰ的主要功能是识别和切除复制中错配的核苷酸，即校读作用；然后催化脱氧核苷酸填补复制和修复中出现的空隙。DNA 聚合酶Ⅱ参与了 DNA 损伤的应急状态的修复过程。DNA 聚合酶Ⅲ是原核生物细胞内起主要复制作用的酶，且具有校对功能。DNA 聚合酶Ⅰ和Ⅲ在复制过程中起主要作用。

课堂互动

大家想一想，参与 DNA 复制的酶有哪些？它们在 DNA 复制过程中的功能分别是什么？

真核生物细胞内已发现五种 DNA 聚合酶，分别是 α、β、γ、δ、ε。DNA 聚合酶 α 是催化复制延长的酶，在真核细胞 DNA 的复制中起主要作用。

（6）DNA 连接酶 DNA 连接酶催化“断续”的 DNA 子链片段（冈崎片段）的 3′-OH 末端与另一相邻的 DNA 子链片段的 5′-P 末端通过磷酸二酯键连接起来，形成完整的长链（图 4-2）。DNA 连接酶不仅在复制过程中起接合缺口的作用，在 DNA 修复、重组、剪接中也起重要作用。

（二）复制过程

DNA 的复制是一个连续过程，可分为起始、延长、终止三个阶段。

1. 复制的起始 复制是从特定的起始位点开始的。原核生物的 DNA 呈环状，只有一个复制起始位点。

复制起始时，在解螺旋酶和拓扑异构酶的作用下，DNA 解开一段双链，并由单链 DNA 结合蛋白维持单链，形成复制点，其形状像一个叉子，称为复制叉。引物酶识别起始部位，以解开的一段 DNA 为模板，dNTP 为原料，按碱基配对规律，从 5′→3′方向合成一小段 RNA 引物（大约含十几个或几十个核苷酸）。引物的 3′-OH 末端，是合成新 DNA 的起点。

2. 复制的延长 在 RNA 引物的 3′-OH 末端处，DNA 聚合酶分别以解开的两条 DNA 单链为模板，催化 4 种 dNTP 通过磷酸二酯键相连，合成两条新的 DNA 子链，并分别与模板链形成双螺旋结构。

DNA 分子的两条链是反向平行的，新链的合成方向是 5′→3′。因此新合成的链中有一条链的合成方向与解链方向相同，另一条链与解链方向相反。与解链方向相同的子链能连续合成，称为领头链；与解链方向相反的子链只能是模板解开一段复制一段，称为随从链。这种领头链连续复制，随从链不连续复制的特性称为半不连续复制（图 4-2）。随从链中不连续的 DNA 片段最早是由日本科学家冈崎于 1968 年发现的，故称之为“冈崎片段”。

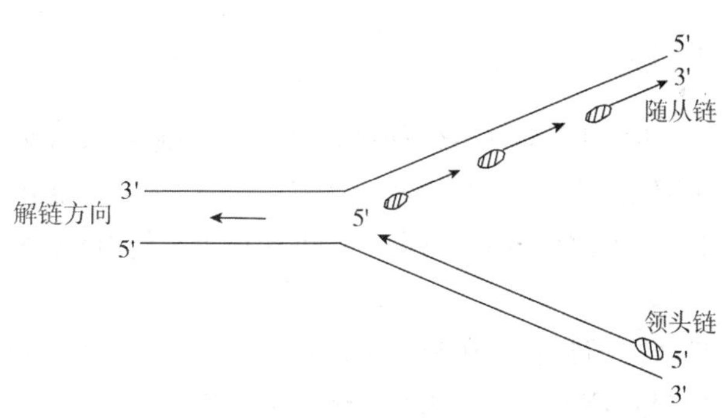

图 4-2 复制叉及半不连续复制示意图

3. 复制的终止 终止阶段包括切除 RNA 引物和冈崎片段的延长和连接。DNA 合成至一定长度后，引物被细胞核内的 RNA 酶水解除去。引物除去后留下的空隙，由 DNA 聚合酶催化，以 dNTP 为原料合成 DNA 进行填补。这些片段间的小缺口则由 DNA 连接酶接合起来，“冈崎片段”也由 DNA 连接酶连接起来，形成完整的子代 DNA 链，形成子代双螺旋 DNA。

DNA 复制过程见图 4-3。

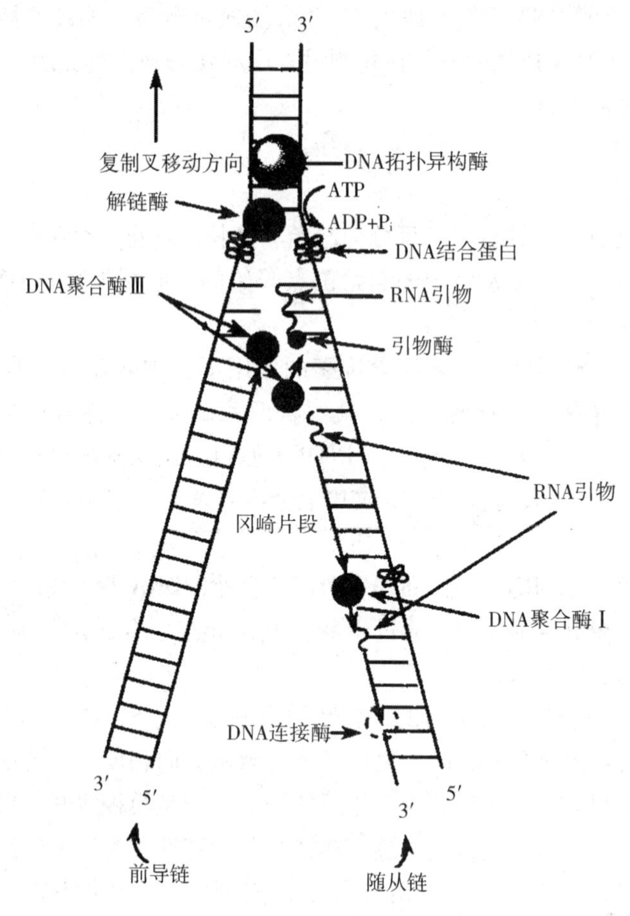

图 4-3 DNA 复制过程

三、逆转录合成 DNA

某些病毒的遗传物质是 RNA 而不是 DNA，这类病毒称为 RNA 病毒。其中有些病毒能以 RNA 为模板合成双链 DNA，这一过程称为逆（反）转录，催化这一过程的酶称为逆转录酶。该酶不仅存在于致癌 RNA 病毒中，也存在于其他 RNA 病毒以及人的正常细胞和胚胎细胞中。

当 RNA 病毒感染宿主细胞后，在胞液中以病毒 RNA 为模板，以 dNTP 为原料，按碱基互补规律催化合成与 RNA 互补的 DNA 单链（cDNA），形成 RNA/DNA 杂交分子。反转录酶继续催化杂交分子中的 RNA 链水解，剩下的 cDNA 再作为模板，合成另一条与之互补的 DNA 链，形成双链 DNA。它可整合到宿主细胞染色体的 DNA 中（图 4-4），随宿主基因一起复制与表达，造成宿主细胞癌变。

反转录的发现具有重要的意义。它补充与完善了遗传信息传递的中心法则。反转录酶可存在于各种致癌 RNA 病毒中，可能与细胞的恶性转化有关。该酶还存在于正常细胞中，如分裂期的淋巴细胞、胚胎细胞等，可能与细胞分化及胚胎的发育有关。在基因

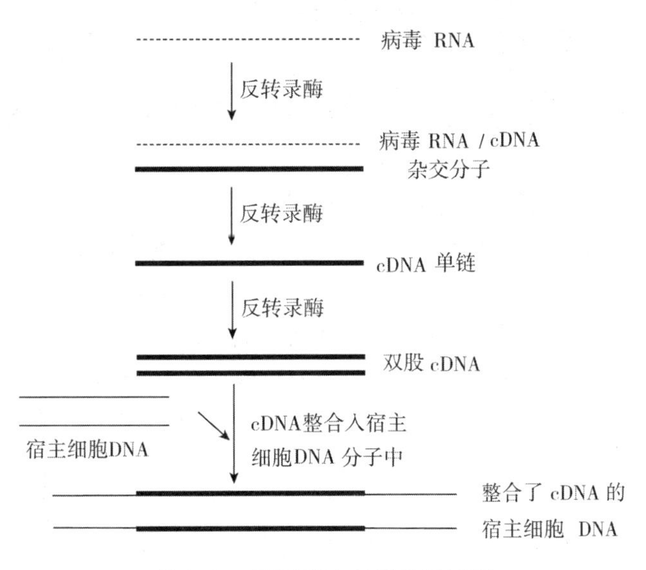

图 4-4　病毒 RNA 的逆转录过程

工程中，可利用反转录酶将 mRNA 反转录合成 DNA，以获得目的基因。

四、DNA 的损伤与修复

生物体在一些理化因素作用下，其 DNA 结构与功能均可发生改变，这种改变称 DNA 的损伤（或 DNA 的突变）。若 DNA 的损伤不能及时或不能完全修复，影响了 DNA 的正常功能，将引起生物遗传的变异。

（一）DNA 的损伤

1. 引起 DNA 损伤的主要因素

（1）物理因素　常见的有紫外线、电离辐射等。紫外线照射可引起 DNA 分子中相邻的嘧啶碱基共价结合，生成嘧啶二聚体，阻止复制和转录。

（2）化学因素　大多数为化学诱变剂或致癌剂。一些碱基和核苷酸类似物，如 5 - 氟尿嘧啶、6 - 巯基嘌呤等；一些抗生素及其类似物，如放线菌素 D、阿霉素等；还有烷化剂、亚硝酸盐等化工产品、农药、食品防腐剂等，均可阻碍 DNA 的复制和转录过程。

（3）生物因素　反转录病毒的感染，以及 DNA 碱基自发水解等因素也可造成 DNA 损伤。

2. DNA 损伤的几种类型

（1）错配　又称为点突变，化学诱变剂和自发突变都能引起 DNA 链上碱基发生置换，导致错误配对。

（2）缺失　是某一个碱基或一段核苷酸链从 DNA 大分子中丢失。

（3）插入　指原来不存在的一个碱基或一段核苷酸链插入到 DNA 分子中。

（4）重排　指 DNA 分子内发生较大片段的交换。

（二）DNA 损伤的修复

细胞内存在一系列起修复作用的酶系统，可以去除 DNA 分子的损伤，恢复其正常结构。

1. 光修复 自然界的各种生物体内普遍存在这种修复。光修复是光复活酶在较强的可见光照射下被激活，在光修复酶催化下，嘧啶二聚体分解，DNA 恢复正常结构的过程。

2. 切除修复 这是体内最重要的一种修复机制。首先由特异的核酸内切酶识别并切除损伤部位，然后以另一条正常的 DNA 链为模板，在 DNA 聚合酶 I 催化下，按 5′→3′方向填补空隙，最后由 DNA 连接酶将切口接合起来（图 4-5）。

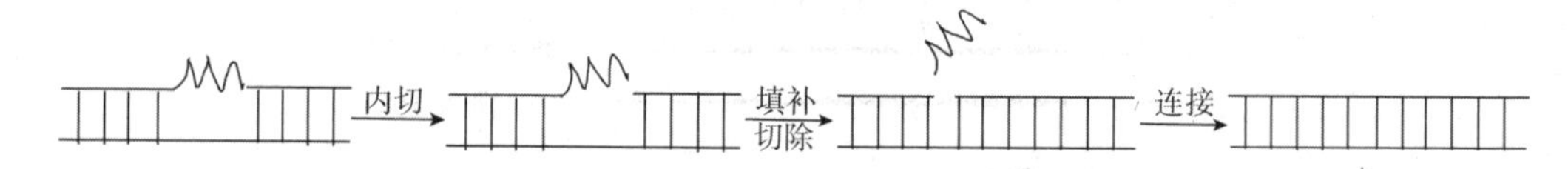

图 4-5 DNA 损伤的切除修复

3. 重组修复 当 DNA 分子的损伤面积较大，合成速度很快时，就会来不及修复而继续复制，从而导致在损伤部位，复制的新子链出现缺口。这时靠重组作用，将另一股正常的母链相应的一段填补到新子链缺口，母链所留下的缺口，以正常子链作为模板，由 DNA 聚合酶 I 和连接酶填补并连接缺口，使母链恢复正常（图 4-6）。重组修复不能清除损伤部位，但随着复制和重组修复的增多，损伤链所占的比例越来越小，不影响细胞的正常功能。

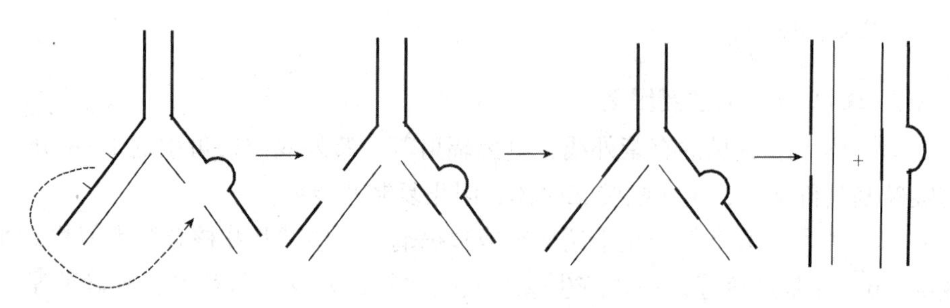

图 4-6 DNA 损伤的重组修复

4. SOS 修复 这种修复是一类应急状态的修复方式。当 DNA 损伤广泛，复制难以继续时，通过 SOS 修复引发一系列复杂的反应。复制如能继续，细胞可存活。但是如此复制的 DNA 保留了很多错误，将引起较广泛的、长期的突变。

第二节 蛋白质的生物合成

蛋白质的合成需要根据 DNA 的遗传信息，通过以 DNA 为模板合成 RNA 传递遗传信息指导蛋白质的合成是基因表达的关键。

一、转录和翻译

（一）转录

以 DNA 为模板合成 RNA 的过程称为转录。通过转录将 DNA 的遗传信息传递至 RNA，这条携带了遗传信息的 RNA 称为信使 RNA（mRNA）。

1. 参与转录的物质

（1）模板　指导 mRNA 合成的模板是 DNA。双链 DNA 分子中的一条链转录，称为模板链（或有意义链）；而另一条链不被转录，称为编码链（或反意义链）。RNA 的这种转录称为不对称转录（图 4-7）。DNA 双链包括许多基因，不同基因的模板链并不一定是同一条链。转录时严格遵守碱基配对规律，即 DNA 分子中的 A、G、C、T 分别对应合成 RNA 分子中的 U、C、G、A。

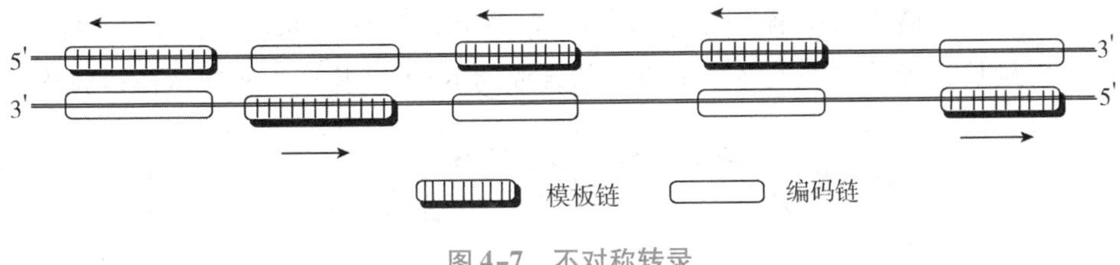

图 4-7　不对称转录

（2）原料　RNA 合成的原料是四种核苷三磷酸，即 ATP、GTP、CTP 和 UTP，总称 NTP 。

（3）RNA 聚合酶　RNA 聚合酶由 $\alpha_2\beta\beta'\sigma$ 五个亚基组成，其中 $\alpha_2\beta\beta'$ 亚基称为核心酶，核心酶与 σ 亚基结合构成全酶。σ 亚基能识别并结合转录的起始位点。核心酶参与整个转录过程，其中两个 α 亚基决定何种基因被转录，β 亚基能与 NTP 结合，催化磷酸二酯键的形成，β′亚基能与 DNA 模板链结合。当转录开始后，σ 亚基脱落，利于核心酶在模板链上滑动。

真核生物中已经发现三种 RNA 聚合酶，即 RNA 聚合酶Ⅰ、Ⅱ、Ⅲ型，它们专一地转录不同的基因，分别转录出不同类型的 RNA。

知识拓展

织布机——聚合酶

在生物体细胞的生长过程中，需要进行 DNA 复制和转录。完成这两个过程分别需要 DNA 聚合酶和 RNA 聚合酶。聚合酶就像一台“自动织布机”，给它一个模子——即原来的 DNA 分子，并提供原料——4 种脱氧核苷三磷酸或者 4 种核苷三磷酸，它就能织出产品——DNA 和 RNA 分子来。

2. 转录的过程 RNA 的转录过程可分为三个阶段：起始、延长、终止。

（1）起始 转录起始时，先由 RNA 聚合酶的 σ 亚基辨认起始部位，并以全酶的方式与之紧密结合，使该部位的 DNA 分子构象发生改变，双链解开，形成局部单链区。以可转录链为模板，从转录起点开始转录。转录起点的碱基多为 T 或 C，因此第一个结合的 NTP 多为 ATP 或 GTP。

（2）延长 当第一个磷酸二酯键形成后，σ 亚基脱落，转录即进入延长阶段。核心酶的构象发生改变，与 DNA 模板的结合变得疏松，沿 DNA 模板链的 3′→5′方向不断移动，DNA 双螺旋结构不断解开，RNA 链则按 5′→3′方向不断延长。随着转录的继续，新生 RNA 的 5′端逐渐与模板链脱离，已被转录的 DNA 链重新形成双螺旋结构（图 4-8）。

课堂互动

大家想一想，复制和转录有什么区别？

（3）终止 当核心酶沿模板链的 3′→5′方向滑行至终止部位时，不再向前滑动，RNA 链不再延长，转录即进入终止阶段。新合成的 RNA 链及核心酶便从模板脱落。

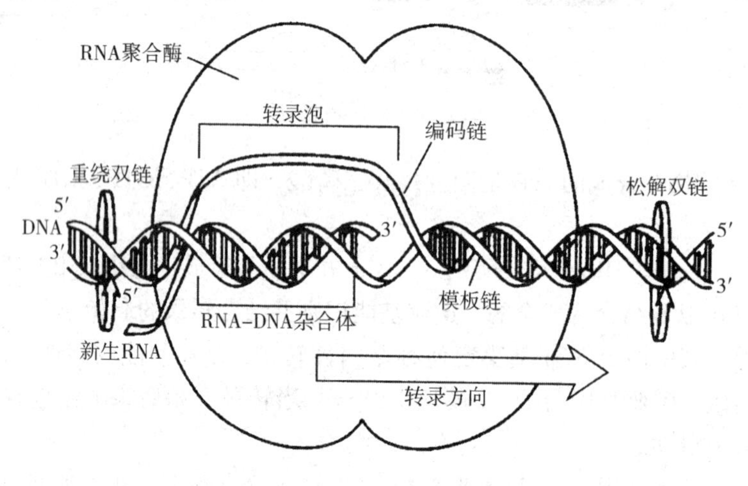

图 4-8 转录延长过程示意图

（二）翻译

遗传信息贮存于 DNA 分子中，通过转录将其遗传信息传递给 mRNA，mRNA 再指导蛋白质的合成。将 mRNA 分子中的核苷酸顺序转变为蛋白质中氨基酸的排列顺序的过程称为翻译。参与翻译的物质有：

课堂互动

大家想一想，蛋白质合成的直接模板和间接模板分别是什么？

1. 原料 蛋白质的合成原料是20种氨基酸。

2. 三种RNA 参与蛋白质生物合成的RNA主要包括mRNA、tRNA、rRNA。

（1）mRNA mRNA是蛋白质生物合成的直接模板，将DNA的遗传信息传递给蛋白质。

（2）tRNA 在蛋白质生物合成中，tRNA的作用是活化和转运氨基酸。通常一种氨基酸可以由2～6种特异的tRNA转运，而一种tRNA却只能特异地转运一种氨基酸。tRNA的3′-末端CCA-OH可以结合氨基酸，反密码子可以识别mRNA链上的密码子，从而按照mRNA模板的密码子顺序，将tRNA所携带的氨基酸准确地运到指定的位置参与肽链的合成。

（3）rRNA 在蛋白质生物合成中，rRNA与多种蛋白质结合构成的核糖体是蛋白质合成的场所。核糖体由大、小两个亚基组成。小亚基有mRNA结合的部位，使mRNA能附着于核糖体上。大亚基有两个tRNA结合位点，一个是氨基酰-tRNA结合的部位，称受位（或A位）；另一个是肽酰-tRNA结合的部位，称给位（或P位），见图4-9。原核生物的大亚基上还有空载tRNA占据的位置称为出位（或E位），而真核生物的核糖体没有E位。

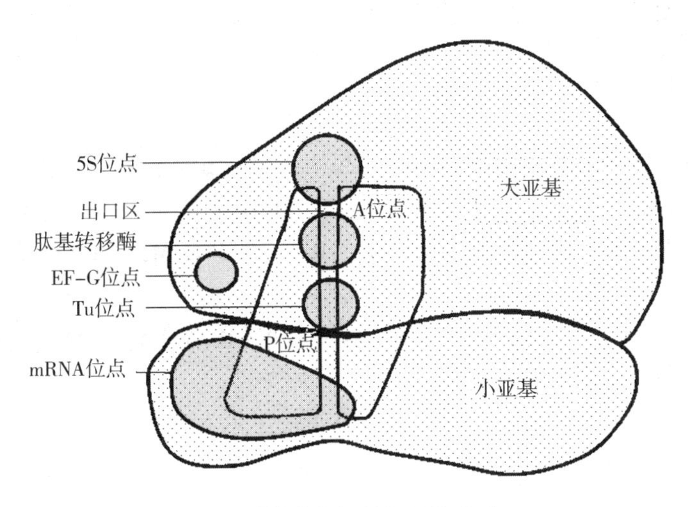

图4-9 原核生物核糖体结构模式

3. 酶 在蛋白质生物合成过程中起主要作用的酶有：

（1）氨基酰-tRNA合成酶 在ATP参与下，此酶能催化氨基酸与相应tRNA结合，生成氨基酰-tRNA。该酶具有绝对专一性，它既能识别特异的氨基酸，又能识别相应的tRNA，使氨基酸与对应的tRNA结合。

（2）转肽酶 此酶存在于核糖体大亚基上，其作用是使大亚基P位上的肽酰-tRNA的肽酰基转移至A位的氨基酰-tRNA的氨基上，结合成肽键，使肽链延长。

4. 其他

（1）蛋白因子：蛋白质生物合成的各阶段均有多种蛋白因子参与，包括起始因子（IF）、延长因子（EF）和释放因子（RF）。它们参与蛋白质合成过程中氨基酰-tRNA

对模板的识别和附着、核糖体沿 mRNA 模板的相对移行、合成终止时肽链的解离等环节。

（2）Mg^{2+}、K^{+}等无机离子。

（3）ATP、GTP 等供能物质。

二、蛋白质的合成过程

蛋白质的生物合成包括氨基酸的活化与转运、肽链的合成和肽链合成后的加工修饰三个重要环节。

（一）氨基酸的活化与转运

氨基酸的活化是指氨基酸先与 ATP 和酶形成中间复合物，转变为活化氨基酸，再与 tRNA 结合为氨基酰-tRNA 的过程。反应由氨基酰-tRNA 合成酶催化，ATP 供能。

$$\text{氨基酸} + ATP + tRNA \rightarrow \text{氨基酰-}tRNA + AMP + PPi$$

tRNA 根据 mRNA 中遗传信息的顺序，将活化的氨基酸转运至核糖体参与肽链的合成。

（二）核糖体循环

肽链的合成又称为核糖体循环，分为起始、延长和终止三个阶段。

1. 起始 翻译的起始阶段是指核糖体大、小亚基及 mRNA 与起始氨基酰-tRNA 聚合为起始复合物。这一过程需要起始因子（IF）、GTP 及 Mg^{2+}参与。起始复合物的形成分为 4 步完成：

（1）核糖体大、小亚基分离 起始因子 IF-3、IF-1 与小亚基结合，促进了大、小亚基的分离。

（2）mRNA 与小亚基结合 mRNA 精确定位于小亚基上。

（3）起始氨基酰-tRNA 与 mRNA 结合 在 IF-2、GTP 等参与下，原核细胞是以甲酰甲硫氨酸-tRNA（$fMet\text{-}tRNA^{fMet}$）为起点，识别并结合于 mRNA 起始密码 AUG 上。真核细胞以甲硫氨酰-tRNA 为起点。

（4）核糖体大亚基的结合 大亚基与上述小亚基复合体结合，同时 GTP 水解释放能量，起始因子释放，形成起始复合物。在起始复合物上，与 mRNA 链上的起始密码 AUG 结合的 $fMet\text{-}tRNA^{fMet}$占据 P 位，而 mRNA 的第二个密码对应于 A 位，为肽链合成做好准备。

2. 延长 起始复合物形成后，在延长因子（EF）、GTP、Mg^{2+}和 K^{+}参与下，经过进位、成肽、移位三个步骤重复进行，使肽链持续延长。

（1）进位 在起始复合物中，作为起始的 $fMet\text{-}tRNA^{fMet}$占据着核糖体的 P 位，而 A 位空缺。在延长因子和 GTP 参与下，tRNA 通过其反密码子识别 A 位上对应的 mRNA 密码子，以氨基酰-tRNA 的形式，进入 A 位。

（2）成肽 在转肽酶催化下，P 位上的蛋氨酰-tRNA 中的蛋氨酰基与 A 位上新进入的氨基酰-tRNA 的 α-氨基形成肽键，生成的二肽酰-tRNA 在 A 位，失去蛋氨酰基的 tRNA 在 P 位。

（3）移位 延长因子 EF-G 催化，GTP 供能，使核糖体沿 mRNA 链 5′→3′方向移动一个密码子的距离，结果 A 位上的肽酰-tRNA 移到了核糖体 P 位，A 位空出并对应下一个密码，为进位做好了准备，而空载的 tRNA 移入 E 位。如此进位、成肽、移位反复进行，肽链不断延长。肽链的合成方向是从 N 端到 C 端进行的。

3. 终止 当终止密码（UAA、UAG 或 UGA）出现于 A 位时，任何氨基酰-tRNA 都不能进位，只有终止因子（RF）能识别终止密码而进入 A 位。RF 诱导转肽酶变构，表现出酯酶活性，催化 P 位上 tRNA 与肽链之间的酯键水解，使多肽链释放出来。GTP 供能，tRNA 及 RF 释放，核糖体与 mRNA 也分离，最后核糖体也解聚成大、小亚基。解聚后的大、小亚基又可以重新聚合成新的起始复合物，开始新一条肽链的合成。

上述为单个核糖体循环过程。实际上细胞内蛋白质合成时，每一条 mRNA 链上结合有多个核糖体，形成多聚核糖体，同时合成多条相同的肽链，大大加快蛋白质合成的速度。

（三）肽链合成后的加工修饰

多肽链合成后，必须经过加工、修饰，才能成为具有生物活性的蛋白质。不同蛋白质的加工过程不同，包括新生肽链的折叠、一级结构的修饰、空间结构的修饰和蛋白质合成后的靶向输送等。

三、遗传密码

在蛋白质生物合成中，mRNA 起着直接模板的作用。mRNA 将 DNA 的遗传信息传递给蛋白质。在 mRNA 分子中，从 5′→3′方向，每三个相邻核苷酸上的碱基序列构成三联体，称之为遗传密码。四种核苷酸可组成 4^3 个即 64 种密码（表 4-1）。表中 UAG、UGA、UAA 是肽链合成的终止密码；其余 61 个密码分别编码不同的氨基酸。AUG 既是蛋氨酸的密码，又是肽链合成的起始密码。

表 4-1 遗传密码表

第一核苷酸（5′末端）	第二核苷酸				第三核苷酸（3′末端）
	U	C	A	G	
U	UUU 苯丙	UCU 丝	UAU 酪	UGU 半胱	U
	UUC 苯丙	UCC 丝	UAC 酪	UGC 半胱	C
	UUA 亮	UCA 丝	UAA 终止	UGA 终止	A
	UUG 亮	UCG 丝	UAG 终止	UGG 色	G

续表

第一核苷酸（5′末端）	第二核苷酸				第三核苷酸（3′末端）
	U	C	A	G	
C	CUU 亮	CCU 脯	CAU 组	CGU 精	U
	CUC 亮	CCC 脯	CAC 组	CGC 精	C
	CUA 亮	CCA 脯	CAA 谷酰	CGA 精	A
	CUG 亮	CCG 脯	CAG 谷酰	CGG 精	G
A	AUU 异亮	ACU 苏	AAU 天酰	AGU 丝	U
	AUC 异亮	ACC 苏	AAC 天酰	AGC 丝	C
	AUA 异亮	ACA 苏	AAA 赖	AGA 精	A
	AUG 蛋*	ACG 苏	AAG 赖	AGG 精	G
G	GUU 缬	GCU 丙	GAU 天冬	GGU 甘	U
	GUC 缬	GCC 丙	GAC 天冬	GGC 甘	C
	GUA 缬	GCA 丙	GAA 谷	GGA 甘	A
	GUG 缬	GCG 丙	GAG 谷	GGG 甘	G

注：* AUG 位于 mRNA 的起始部位时还代表起始密码。

遗传密码具有以下特性：

1. 简并性 从表 4-1 可知，除了蛋氨酸和色氨酸只有一个遗传密码外，其余氨基酸的密码均在两种或两种以上，最多的可达六种，这种一种氨基酸有多个密码的现象称为密码的简并性。编码同一氨基酸的不同密码的第一、二位碱基大多是相同的，只有第三位不同，如 GGU、GGC、GGA、GGG 都代表甘氨酸。遗传密码简并性的存在降低了突变的有害效应，因为当点突变出现在这些密码的第三位碱基时，并不影响蛋白质中氨基酸顺序。

2. 连续性 mRNA 分子中含有密码子的区域称为阅读框，阅读从 5′端的起始密码开始，沿 5′→3′方向进行，每 3 个核苷酸为一组，连续阅读，直至终止密码的出现，密码是连续排列的，此即遗传密码的连续性。如果 mRNA 链上插入或缺失一个碱基，就会造成移码，移码可引起突变，使翻译出的氨基酸序列改变。

3. 摆动性 mRNA 的密码子与 tRNA 的反密码子反向配对时，并不完全遵从碱基配对规律，称为遗传密码的摆动配对。这种现象常出现于密码子的第三位碱基与反密码子的第一位碱基配对时，如 tRNA 分子中的稀有碱基次黄嘌呤核苷酸（I）常出现在反密码子的第一碱基上，它可分别与 mRNA 密码子的 U、C 或 A 配对。

4. 通用性 蛋白质生物合成的这套密码，基本上通用于生物界所有物种。但近年的研究表明，动物细胞线粒体、植物叶绿体在翻译中使用的密码子与表 4-1 所示并不完全相同。如线粒体内的 UGA 并不代表终止信号，而代表色氨酸。

四、基因工程和分子病

（一）基因工程的基本概念

基因工程是20世纪70年代发展起来的一项分子生物学高新技术。基因工程是指在体外将目的基因与载体重组，转入到宿主细胞，随着该细胞的繁殖，DNA重组体得到扩增，从而产生大量目的基因。带有这些DNA重组体的细胞在生长繁殖过程中，通过基因表达可以获得大量目的基因编码的相应蛋白质产物。因此，基因工程也称重组DNA技术或分子克隆技术。

（二）基因工程的主要步骤

1. 目的基因的制备 获取目的基因的方法有：①化学合成法；②基因组DNA直接分离；③cDNA文库；④基因组DNA文库；⑤聚合酶链反应（PCR）。

2. 基因载体的选择与构建 能“携带”目的基因进入宿主细胞复制和/或表达的DNA分子称载体DNA，即基因载体。常用的载体有质粒DNA、噬菌体DNA和病毒DNA等。基因载体主要根据构建目的来选择，同时也要考虑载体中应有合适的限制性核酸内切酶的切割位点。

3. 目的基因与载体的连接 目的基因和载体通过限制性核酸内切酶切割后，产生能互补结合的末端，然后用DNA连接酶把目的基因与载体连接起来，构成DNA重组体。

4. 重组体DNA导入宿主细胞 重组体DNA导入到宿主细胞（如大肠杆菌）中，随宿主细胞生长繁殖。常用的导入方法有转化、转染和感染等。

5. 重组体的筛选与鉴定 重组体DNA分子在导入宿主细胞过程中，并非每个细胞都含有目的基因，因此必须进行筛选与鉴定。常用方法有遗传学方法、免疫学方法、核酸杂交法、PCR、酶切鉴定等。

6. 克隆基因的表达 目的基因在宿主细胞中进行基因表达，生产出大量的蛋白质和多肽。

（三）基因工程的应用

基因工程技术在医药、畜牧、农业和食品等多个领域都已显示出巨大的潜力。基因工程在医学领域的应用体现在以下几方面：

1. 制药工业 利用基因工程技术生产有生物活性的蛋白质与多肽，再经动物实验及临床试验等发展新药。如干扰素基因在大肠杆菌和酵母中的表达，生长激素、胰岛素以及乙肝病毒表面抗原基因等在酵母中成功的表达，数十种产品已进入临床。

知识拓展

基因工程产品胰岛素

目前世界上糖尿病患者已达3.82亿，其中多数人需用胰岛素治疗。动物胰岛素是最早应用于糖尿病治疗的胰岛素注射制剂，一般是猪胰岛素。一位患者一年需50头猪的胰脏，原材料来源非常困难。1978年，科学家们把人工合成的人胰岛素基因连接到载体上，导入到大肠杆菌体内，让大肠杆菌制造胰岛素获得成功。1982年，基因工程生产的人胰岛素正式投放市场，这是生物技术领域发展的一个新的里程碑。

2. 基因诊断　是指应用分子生物学和遗传学的技术和原理，在DNA水平上分析、鉴定遗传性疾病所涉及的基因突变，从而对疾病做出诊断的方法。随着人类基因组的破译，一些病原体基因组序列的测定，为临床提供了更多可供检测的基因，使基因诊断更广泛地用于临床。

3. 基因治疗　是指向功能缺陷的细胞导入具有相应功能的外源基因，从而达到治疗疾病目的的方法。目前基因治疗采用的方法有基因矫正、基因置换、基因增补、基因失活等。

（四）分子病

由于DNA分子的基因突变，导致mRNA和蛋白质结构变异，引起体内某些结构和功能异常，称为分子病。例如，镰刀形红细胞贫血就是较为典型的一种分子病。它的发生仅仅是由一个碱基的变异引起的。遗传物质DNA中CTT突变为CAT，这样转录出的mRNA上相应的密码由GAA变为GUA，导致翻译出的血红蛋白β-链N末端第6位氨基酸残基由谷氨酸变成缬氨酸。最终造成血红蛋白结构的改变，进而导致了患者的红细胞变形为镰刀状，脆性增加，易破裂溶血，即镰刀形红细胞贫血。随着基因工程的发展，分子病有望通过基因治疗得以彻底治愈，即向功能缺陷的细胞引入具备相应功能的外源性DNA，以补偿其基因缺陷，从而翻译出结构与功能正常的蛋白质。

目 标 测 试

一、填空题

1. 蛋白质生物合成时，沿mRNA链的________方向进行，肽链的合成方向由________端到________端延长。

2. 核糖体循环包括________、________、________。

3. 蛋白质生物合成过程主要包括________、________、________。

4. 遗传密码共有________个，其中________个不编码氨基酸，________个为起始密码。

5. 肽链合成的起始密码是________，它位于 mRNA 的________末端，终止密码是________、________、________，位于 mRNA 的________末端。

6. 遗传密码的主要特点是________、________、________、________。

7. tRNA 分子上的________末端为氨基酸的结合位点，该末端的碱基组成是________，其分子中含有的________决定所结合氨基酸的种类。

二、单选题

1. DNA 连接酶的作用是（　　）
   A. 使 DNA 形成超螺旋结构
   B. 合成 RNA 引物
   C. 使双螺旋 DNA 链缺口的两个末端连接
   D. 去掉引物填补空缺

2. 下列关于 RNA 聚合酶和 DNA 聚合酶的叙述哪一项是正确的（　　）
   A. 利用核苷二磷酸合成多核苷酸链
   B. RNA 聚合酶需要引物并在延长的多核苷酸链 5′-末端添加核苷酸
   C. DNA 聚合酶能同时在链两端添加核苷酸
   D. DNA 聚合酶只能在多核苷酸链的 3′-OH 末端添加核苷酸

3. DNA 拓扑异构酶的作用是（　　）
   A. 解开 DNA 双链，便于复制
   B. 使 DNA 解链旋转时不致打结缠绕
   C. 稳定双螺旋
   D. 辨认复制起始点

4. 复制中 RNA 引物的作用是（　　）
   A. 使 DNA 活化　　B. 提供 3′-OH 合成 DNA 链
   C. 提供 3′-OH 合成 RNA 链　　D. 提供 5′-P 合成 DNA 链

5. 将 DNA 核苷酸顺序的信息转变为蛋白质中氨基酸的过程为（　　）
   A. 复制　　B. 转录　　C. 反转录　　D. 转录及翻译

6. 与 mRNA 中的密码 5′ACG-3′相对应的 tRNA 反密码子是（　　）
   A. TGC　　B. UGC　　C. GCA　　D. UCG

三、判断题（对的打“√”，错的打“×”）

1. 转录不需要引物。（　　）
2. mRNA 是蛋白质合成的直接模板。（　　）
3. 在蛋白质合成过程中，tRNA 参与核糖体的合成。（　　）

四、名词解释

1. 复制　　2. 转录　　3. 翻译　　4. 逆转录

五、问答题

1. DNA 复制有何特点？简述参与 DNA 复制的物质及其作用。

2. 复制与转录有何异同？
3. 简述参与转录的物质及其作用。
4. 在蛋白质生物合成中，三种 RNA 有何作用？

第五章 生物氧化

学习目标

1. 知识目标 掌握生物氧化、呼吸链、氧化磷酸化、底物水平磷酸化的概念；掌握生物氧化的产物；掌握ATP在体内能量代谢中的重要作用；了解生物氧化的过程和特点；了解影响氧化磷酸化的因素。

2. 技能目标 认识生物氧化对人体生命活动的重要意义。

第一节 生物氧化的过程和产物

一、生物氧化的概念

营养物质（糖、脂肪、蛋白质）在生物体内彻底氧化生成二氧化碳和水，并逐步释放能量的过程称为生物氧化（图5-1）。生物氧化实际上是需氧细胞在呼吸代谢过程中的一系列氧化还原反应，所以又称为细胞呼吸或组织呼吸。生物体内的氧化反应完全遵循化学的基本规律，即加氧、脱氢、失电子为氧化作用。在真核生物细胞内，生物氧化都是在线粒体内进行，原核生物则在细胞膜上进行。

课堂互动

请问大家，人体通过摄取食物的方式获得能量，那么食物怎么变成我们所需要的能量呢？

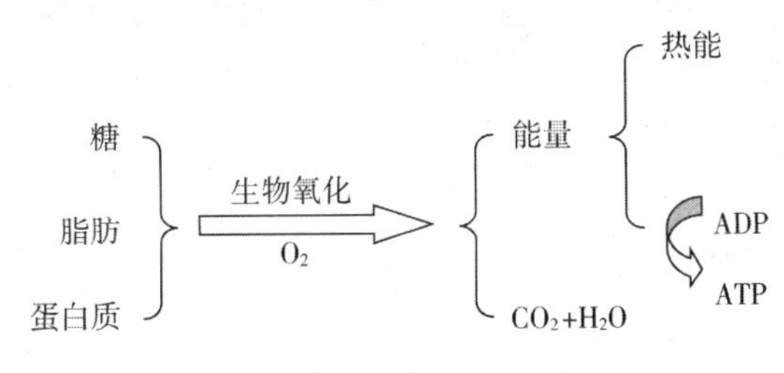

图5-1 生物氧化

根据生物氧化发生的场所，可将生物氧化分为线粒体氧化和非线粒体氧化。

二、生物氧化的过程和特点

（一）生物氧化的过程

生物体在生命活动过程中都需要消耗能量，所消耗的能量就是营养物质通过生物氧化得到的。由于这个氧化过程是在细胞组织内进行，整个过程中有脱氢、脱羧（脱二氧化碳）等反应，脱下的氢需要与氧结合成水，所以生物氧化的过程及产物大致分为以下两部分：

1. 生物氧化中 CO_2 的生成 糖、脂肪、蛋白质等有机物转变成含羧基的中间化合物，然后在酶催化下脱羧而生成 CO_2。根据脱去羧基在有机酸分子中的位置不同，可将脱羧反应分为α-脱羧和β-脱羧；又根据有机酸在脱羧的同时是否伴有脱氢，可将脱羧反应分为单纯脱羧和氧化脱羧（表5-1）。

表5-1 有机酸的脱羧方式

脱羧方式		实例
α-脱羧	α-单纯脱羧	$HOOC(CH_2)_2CH(NH_3)COOH \xrightarrow{\text{谷氨酸脱羧酶}} HOOC(CH_2)_2CH_2NH_2$ α-谷氨酸 → γ-氨基丁酸
	α-氧化脱羧	$CH_3COCOOH + HSCoA + NAD^+ \xrightarrow{\text{丙酮酸脱氢酶系}} CH_3CO \sim SCoA + NADH + H^+ + CO_2$ 丙酮酸 → 乙酰CoA
β-脱羧	β-单纯脱羧	$HOOCCH_2COCOOH \xrightarrow{\text{草酰乙酸脱羧酶}} H_3CCOCOOH + H_2O$ β-草酰乙酸 → 丙酮酸
	β-氧化脱羧	$HOOCCH_2CH(OH)COOH + NADP^+ \xrightarrow{\text{苹果酸酶}} H_3CCOCOOH + NADPH + H^+ + CO_2$ 苹果酸 → 丙酮酸

2. 生物氧化中 H_2O 的生成 生物氧化中 H_2O 的生成是在真核生物线粒体内膜或原核生物细胞膜上的呼吸链作用下产生的，它是糖、脂肪、蛋白质等代谢物脱下的氢，经氧化还原反应和氧结合而成的。

（二）参与生物氧化的酶

1. 线粒体生物氧化体系的酶类 （1）氧化酶类 氧化酶类是一类含金属离子（如钼、铁、铜）的结合酶。其共同特点是直接以氧作为受氢体，产物为 H_2O，所催化的反应无氧不能进行。线粒体生物氧化体系中重要的是细胞色素氧化酶类。

（2）需氧脱氢酶类 绝大多数的需氧脱氢酶都是以FMN或FAD为辅基作为递氢体的结合酶类。反应的产物为过氧化氢。重要的需氧脱氢酶类有黄嘌呤氧化酶、L-氨基酸氧化酶等。

（3）不需氧脱氢酶类 不需氧脱氢酶类是一类分布极广、功能多样的结合酶，常在被氧化底物分子中脱去一对氢（2H）。按辅酶成分不同分为两个类型：

①以 NAD^+（或 $NADP^+$）为辅酶的不需氧脱氢酶类：如乳酸脱氢酶、苹果酸脱氢酶、谷氨酸脱氢酶和β-羟丁酸脱氢酶。

②以FMN（或FAD）为辅基的不需氧脱氢酶类：如琥珀酸脱氢酶、NADH脱氢酶、脂肪酰辅酶A脱氢酶。

2. 非线粒体生物氧化体系的酶类 非线粒体生物氧化体系的酶类有加单氧酶类、过氧化物酶类和超氧化物歧化酶类等。

（三）生物氧化的特点

营养物质在体内外彻底氧化均是消耗氧、生成二氧化碳和水并释放能量的过程。生物氧化和体外氧化在化学本质上是相同的，但生物氧化又有其特点：

（1）反应条件温和（体温37℃，pH值7.4环境中进行，有水参加，在酶的催化下逐步完成）。

（2）生物氧化过程中的水是代谢物脱下的氢经氧化还原反应和氧结合生成的。

（3）能量是逐步释放（大部分以热能散发，小部分储存在体内）。

（4）生物氧化过程中的 CO_2 的生成来源于有机酸的脱羧。

三、生物氧化的意义

生物氧化过程中伴随着大量能量释放，释放的能量贮存在ATP中。当机体活动需要能量时，ATP分解并释放能量，直接提供给细胞代谢的需要，因此它是生物体进行生命活动的直接能量来源。

知识拓展

生物氧化与燃烧的异同点

生物体内的氧化和外界的燃烧在化学本质上虽然最终产物都是水和二氧化碳，所释放的能量也完全相等，但二者所进行的方式却大不相同：首先，燃烧是通过点燃实现，能量瞬间释放；生物氧化是在酶催化下实现，能量缓慢释放。其次，燃烧中的 CO_2、H_2O、能量在一处产生；而生物氧化 CO_2、H_2O 的产生及能量的释放在不同位置。

第二节 氧化磷酸化

一、呼吸链

在生物氧化过程中线粒体具有特殊的重要作用，它是三羧酸循环、脂肪酸 β-氧化的反应场所。线粒体内膜上排列着许多酶和辅酶组成的递氢体和电子传递体，能将代谢物上脱下的两个氢原子传递给氧生成水。在呼吸链中，传递氢的酶或辅酶称为递氢体，传递电子的酶或辅酶称为电子传递体。不论递氢体还是电子传递体都有电子传递的功能，所以呼吸链也叫电子传递链。呼吸链是由按照一定顺序排列在线粒体内膜上的一组递氢体和电子传递体组成的连续酶促反应体系。

（一）呼吸链的组成

呼吸链是由尼克酰胺腺嘌呤二核苷酸（NAD^+或者 $NADP^+$）、黄素蛋白（FMN 或 FAD）、辅酶 Q（CoQ）、铁硫蛋白（Fe-S）、细胞色素体系（Cyt）五类物质组成的。

1. 尼克酰胺腺嘌呤二核苷酸（NAD^+或者 $NADP^+$） 是连接代谢物和呼吸链的重要环节，能接受代谢物脱下的两个氢（$H + H^+ + e$），然后传递给另一个传递体黄素蛋白。

$$NAD^+ \underset{-2H}{\overset{+2H}{\rightleftharpoons}} NADH + H^+$$

2. 黄素蛋白（FMN 或 FAD） 线粒体内的黄素蛋白有两类，均具有递氢的作用。一类以黄素单核苷酸（FMN）为辅基，接受 $NADH + H^+$ 的两个氢，传递给辅酶 Q；一类以黄素腺嘌呤二核苷酸（FAD）为辅基，接受代谢物脱下的两个氢，传递给辅酶 Q。FMN 和 FAD 都含有核黄素，即维生素 B_2。

$$\left.\begin{matrix} FMN \\ FAD \end{matrix}\right\} \underset{-2H}{\overset{+2H}{\rightleftharpoons}} \left\{\begin{matrix} FMNH_2 \\ FADH_2 \end{matrix}\right.$$

3. 辅酶 Q（CoQ） 是一种脂溶性化合物，是呼吸链中的递氢体。既能接受黄素蛋白的两个氢，也能将质子释放在线粒体基质中，将电子传递给细胞色素。

$$CoQ \xrightarrow{+2H} CoQH_2 \quad (\rightarrow 2e \; 2H^+)$$

4. 细胞色素体系（Cyt） 细胞色素是以铁卟啉为辅基的一类结合蛋白质。铁原子处于卟啉的结构中心，构成血红素。细胞色素以血红素作为辅基，故这类蛋白质具有红色或褐色。人和动物的线粒体中，含有五种细胞色素，分别是 b、c_1、c、a、a_3，因为 a 和 a_3无法分开，故可统称为细胞色素 aa_3，又称细胞色素氧化酶。在呼吸链中各种细胞色素传递电子的顺序大致是：

$$b \rightarrow c_1 \rightarrow c \rightarrow aa_3 \rightarrow O_2$$

其过程是：细胞色素 b 接受辅酶 Q 传来的电子，然后通过其铁的化合价的可逆变化，将电子依次由 b、c_1、c 传递至 aa_3，最后由细胞色素 aa_3将电子传给氧，使氧还原成氧离子（O^{2-}），O^{2-}再与游离在介质中的质子（$2H^+$）结合生成水。

5. 铁硫蛋白（Fe-S） 铁硫蛋白常与黄素蛋白和细胞色素 b 结合存在，参与呼吸链中的电子传递。

$$Fe^{3+} \underset{-e}{\overset{+e}{\rightleftharpoons}} Fe^{2+}$$

（二）重要的呼吸链

人体细胞线粒体内最普遍存在的呼吸链是 NADH 氧化呼吸链，其次是 $FADH_2$氧化呼吸链。

1. NADH 氧化呼吸链 由 NAD^+、FMN、CoQ、Fe-S、Cyt（b、c_1、c、aa_3）组成。体内大多数代谢物（如丙酮酸、乳酸等）脱下的氢经 NADH 氧化呼吸链生成水并释放大量能量生成 ATP 供机体利用。所以 NADH 氧化呼吸链是最普遍最重要的呼吸链（图 5-2）。

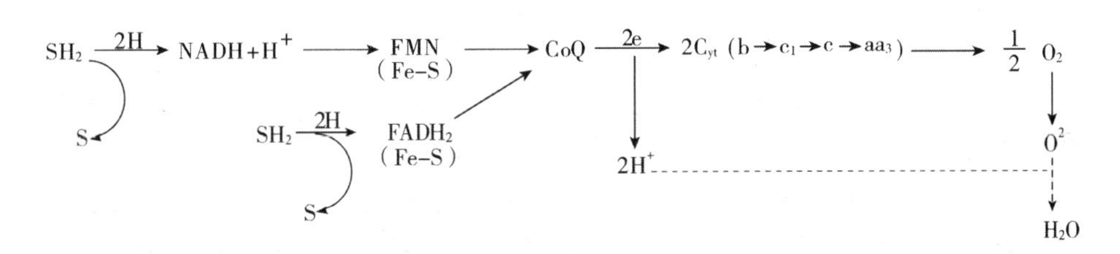

图 5-2 两条呼吸链的递氢、递电子顺序

2. $FADH_2$（琥珀酸）氧化呼吸链 由 FAD、CoQ、Fe-S、Cyt（b、c_1、c、aa_3）组成。体内有少数代谢物（如琥珀酸、脂酰 CoA 等）脱下的氢经 $FADH_2$氧化呼吸链传递给氧生成水。由于 $FADH_2$氧化呼吸链比 NADH 氧化呼吸链短，故释放的能量也较少。

二、高能磷酸化合物

机体内有许多含有高能键的磷酸化合物，它们的磷酸基团水解时，可释放出大量的自由能，这类化合物称为高能磷酸化合物。高能键是指水解时可释放 20.9kJ/mol 以上能量的化学键，常用“～”符号表示。体内最重要的高能磷酸化合物是 ATP（三磷酸腺苷）、ADP（二磷酸腺苷），其次还有 UTP、CTP、GTP、dATP 等，还有一些中间代谢产物，如乙酰 CoA、琥珀酰 CoA 等。

（一）ATP 生成的方式

ATP 是由 ADP 磷酸化生成的。根据能量来源的不同，将体内 ATP 的生成分为底物水平磷酸化和氧化磷酸化两种方式。

1. 底物水平磷酸化 底物水平磷酸化是指底物（高能化合物）在酶的催化作用下，将其高能键直接转移给 ADP 生成 ATP 的过程。这一类并不是主要的，在糖代谢中有这样的反应。如：

$$\text{1,3-二磷酸甘油酸+ADP} \xrightleftharpoons{\text{磷酸甘油酸激酶}} \text{3-磷酸甘油酸+ATP}$$

$$\text{GTP+ADP} \rightleftharpoons \text{GDP+ATP}$$

$$\text{磷酸烯醇式丙酮酸+ADP} \xrightarrow{\text{丙酮酸激酶}} \text{烯醇式丙酮酸+ATP}$$

$$\text{琥珀酰辅酶A+Pi+GDP} \xrightleftharpoons{\text{琥珀酸硫激酶}} \text{琥珀酸+HSCoA+GTP}$$

2. 氧化磷酸化 氧化磷酸化作用是细胞中重要的生化过程，是细胞呼吸的最终代谢途径。

氧化磷酸化是指代谢物脱下的氢，通过 NADH 或 $FADH_2$ 传递给氧生成水的过程中，同时伴有 ADP 磷酸化生成 ATP 的过程。这是体内最重要的 ATP 产生的途径。此过程由两部分组成：电子传递链和 ATP 合成。氧化磷酸化发生在原核生物的细胞膜，或者真核生物的线粒体内膜上。

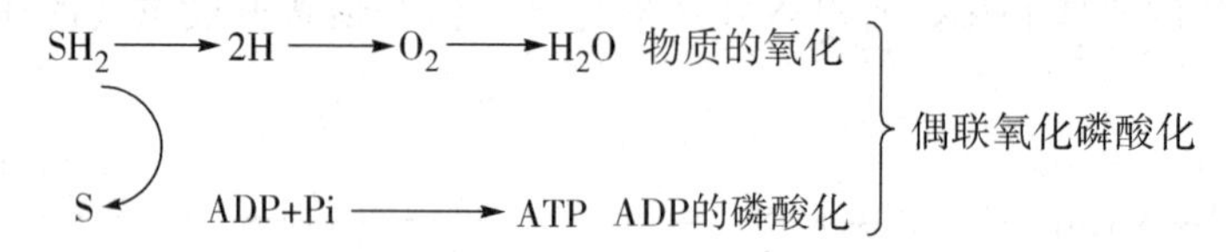

氧化磷酸化过程可看作电子传递过程中偶联 ADP 磷酸化，生成 ATP。在呼吸链上氧化释放较高能量能使 ADP 磷酸化生成 ATP 的部位称为偶联部位。在 NADH 呼链中会出现三个这样的偶联部位，经过一次 NADH 氧化呼吸链可以生成 3 个 ATP；在 $FADH_2$ 呼吸链中会出现两个这样的偶联部位，经过 $FADH_2$ 氧化呼吸链可以生成 2 个 ATP（图 5-3）。

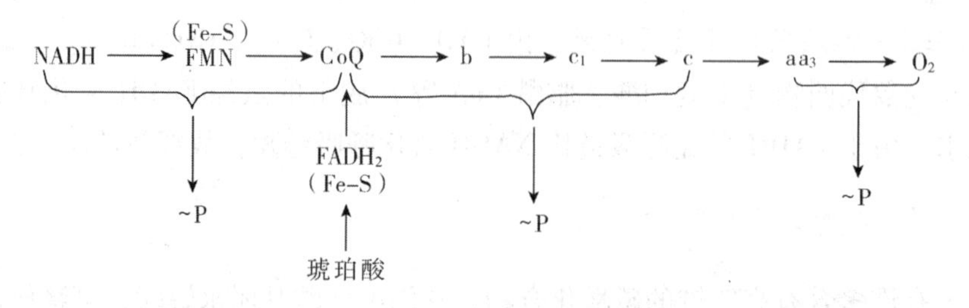

图 5-3 呼吸链中 ATP 的偶联部位

知识拓展

氧化磷酸化的研究起源

对氧化磷酸化的研究起源于阿瑟·哈登 1906 年的报告，阐述了磷酸盐在细胞发酵中的重要作用，但最初只知道糖磷酸盐与此相关。然而在 20 世纪 40

年代初，糖的氧化和 ATP 的生成之间的联系被赫尔曼·卡尔卡牢牢确立；同时在 1941 年，弗里茨·阿尔伯特·李普曼确认 ATP 在能量传递中起核心作用。后来在 1949 年，莫里斯·弗里德金与阿尔伯特·伦宁格证明，辅酶 NADH 与代谢途径如三羧酸循环及 ATP 的合成有关。

又过了 20 年，ATP 的生成机制依然是个谜，同时科学家也在寻找那个难以捉摸的连接氧化与磷酸化反应的“高能中间体”。这个难题在彼得·米切尔于 1961 年发表的化学渗透理论中得到了解决。起初，这个看法极具争议，但随时间流逝，它逐渐为人们所接受，米切尔也于 1978 年获颁诺贝尔物理学奖。

（二）ATP 的储存和利用

ATP 是体内最重要的高能化合物。在正常生理情况下，能量的转移和利用主要是通过 ATP 和 ADP 的相互转换实现的。当机体活动时，如肌肉收缩、物质吸收、腺体分泌、神经传导、物质合成等，ATP 水解为 ADP 和 Pi，释放能量以满足各种生理活动。ADP 又可以从氧化磷酸化和底物水平磷酸化中获得高能磷酸键再生成 ATP。

虽然生物体内大多数由 ATP 直接供能，但在某些合成代谢中则需要其他三磷酸核苷作为直接能源，但是其分子中的高能磷酸键也来自于 ATP。

$$ATP+UDP \longrightarrow ADP+UTP$$（为合成糖原供能）

$$ATP+GDP \longrightarrow ADP+GTP$$（为合成蛋白质供能）

$$ATP+CDP \longrightarrow ADP+CTP$$（为合成磷脂供能）

在肌酸激酶催化下，ATP 将一个高能磷酸键（～P）转移给肌酸生成磷酸肌酸（CP）。这是贮存高能磷酸键（～P）的一种方式。人体肌肉中含有大量磷酸肌酸，当体内 ATP 消耗时，磷酸肌酸迅速将“～P”转移给 ADP 生成 ATP。

ATP 的生成、贮存和利用总结如下（图 5-4）。

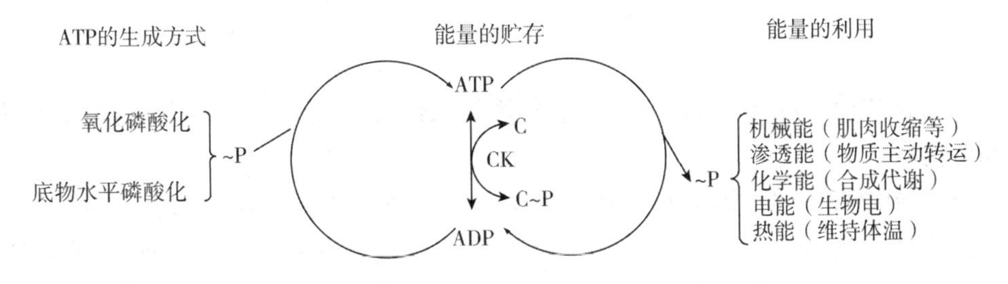

图 5-4 ATP 的生成、贮存和利用总结图

知识拓展

非线粒体氧化体系

除线粒体以外，细胞的微粒体和过氧化物酶体也是生物氧化的重要场所，其特点是在氧化过程中不伴有偶联磷酸化，不能生成ATP。主要用于代谢物、药物和毒物的生物转化作用。其中某些酶的活性与消除代谢产生的自由基关系密切，它包括微粒体氧化体系和过氧化物酶体氧化体系。

三、影响氧化磷酸化的因素

（一）［ATP］/［ADP］的调节作用

影响氧化磷酸化速度的基本因素是［ATP］/［ADP］值。当机体的耗能增多时，导致［ATP］/［ADP］值下降，促使氧化磷酸化速度加快，生成ATP增多；反之，氧化磷酸化速度则减慢。此调节作用可改变体内物质氧化的速度，使体内生成ATP的速度适应生理需要，这对机体合理地利用能源，避免能源的浪费，具有重要意义。

课堂互动

请大家想一想，甲状腺功能亢进的患者饮食应该注意什么呢？

（二）甲状腺激素的影响

甲状腺激素能诱导许多组织、细胞膜上Na^+-K^+-ATP酶生成，此酶可加速ATP的分解，使［ATP］/［ADP］值下降，促使氧化磷酸化速度加快，生成ATP增多。由于ATP的合成和分解都加快，导致机体的耗氧量和产热量都增加。所以，甲状腺功能亢进患者常表现为基础代谢率（BMR）高，体内产热量增加，患者喜冷怕热，易出汗，身体消瘦等。

（三）抑制剂的作用

某些药物和毒物对氧化磷酸化有抑制作用。根据其作用机制的不同分为电子传递抑制剂和解偶联剂。

1. 电子传递抑制剂 指阻断呼吸链中某一部位电子传递的物质，也称为呼吸链抑制剂。如粉蝶霉素A、鱼藤酮、异戊巴比妥等可与铁硫蛋白结合，从而阻断FMN与CoQ之间电子的传递；抗霉素A抑制Cyt b与Cyt c_1之间的电子传递；CN^-（氰化物）、CO等抑制细胞色素氧化酶（Cyt aa_3）与O_2之间的电子传递（图5-5）。这类抑制剂对机体的危害在于抑制了细胞呼吸。例如，氰化物极易与氧化性细胞色素氧化酶的三价铁结合，生成氰化高铁细胞色素氧化酶，阻断电子传至氧，结果呼吸链中断，氧化磷酸化不能进行。此时，即使氧的供应充足，细胞也不能利用，造成组织严重缺氧、能源断绝，甚至危及生命。

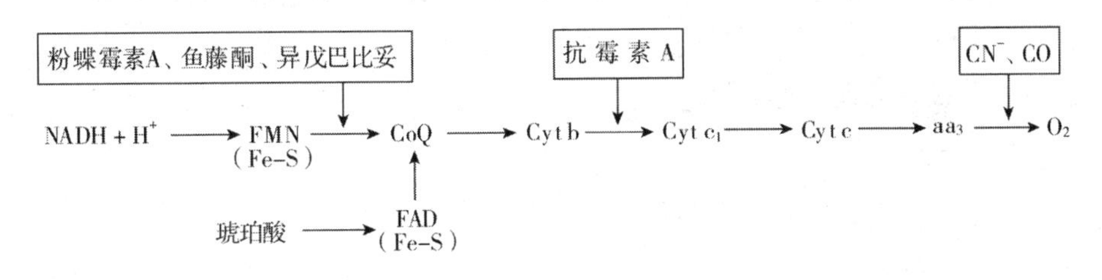

图 5-5 呼吸链抑制剂作用示意图

2. 解偶联剂 使呼吸链中电子传递和磷酸化生成 ATP 的偶联过程相分离的物质称为氧化磷酸化的解偶联剂。这类物质不阻断呼吸链中氢和电子的传递，但是抑制 ADP 磷酸化生成 ATP。也就是说，解偶联剂使能量的产生与利用相分离。物质氧化释放的能量不能贮存于 ATP 分子中，而是以热能形式散发，以致体温升高。2,4-二硝基苯酚（DNP）是最早发现的解偶联剂。

知识拓展

氰化物中毒的抢救

氰化物中毒的病例在临床上并不少见。如误食大量含有氰化物的苦杏仁、白果、桃仁、木薯等，都可引起氰化物中毒。

可通过吸入亚硝酸异戊酯和注射亚硝酸钠抢救氰化物中毒患者，这些药物能将血红蛋白氧化成高铁血红蛋白，后者极易与氰化物结合生成氰化高铁血红蛋白，从而恢复细胞色素氧化酶功能。由于氰化高铁血红蛋白不够稳定，容易解离出氰化物，故还应再注射硫代硫酸钠，使氰化物转化为毒性较小的硫氰酸盐随尿排出体外。

$$Na_2S_2O_3 + CN^- \xrightarrow{\text{硫氰酸酶（肝）}} SCN^- + Na_2SO_3$$

SCN^- ↓ 随尿排出

目标测试

一、填空题

1. 生物氧化的主要产物是________、________和________。

2. 体内重要的两条呼吸链是________和________，两条呼吸链 ATP 的生成数分别是________和________。

3. 氧化磷酸化作用是指代谢物脱下的________经________或________的传递给________生成________，同时________磷酸化生成________的过程。

4. 体内生成 ATP 的主要方式为________，其次是________。

5. 体内 CO_2是通过________的脱羧反应生成的。根据脱羧基的位置不同，可分为________和________。

6. 呼吸链的递氢体有________、________、________、________、________。

二、单选题

1. 不能接受氢的物质是（　　）

A. NAD^+　　B. CoQ　　C. Cyt　　D. FMN

2. 下列不属于高能化合物的是（　　）

A. 乙酰 CoA　　B. 琥珀酰 CoA　　C. ATP　　D. 6-磷酸葡萄糖

3. 体内二氧化碳来自（　　）

A. 碳原子被氧原子氧化　　B. 呼吸链中产生

C. 有机酸脱羧　　D. 糖原分解

4. 生物体内最主要的直接供能物质是（　　）

A. ATP　　B. GTP　　C. GDP　　E. 磷酸肌酸

5. 下列物质中哪种是呼吸链的抑制剂（　　）

A. 寡霉素　　B. 2,4-二硝基苯酚

C. 氰化物　　D. 二氧化碳

6. 生物氧化中大多数底物脱氢需要哪一种辅酶（　　）

A. FMN　　B. FAD　　C. CoQ　　D. NAD^+

7. 氢原子经过呼吸链氧化的终产物是（　　）

A. H_2O_2　　B. H_2O　　C. CO_2　　D. H^+

8. 下列物质中哪一种称为细胞色素氧化酶（　　）

A. Cyt b　　B. Cyt c_1　　C. Cyt aa_3　　D. Cyt a

三、判断题（对的打“√”，错的打“×”）

1. ［ATP］/［ADP］值下降能使氧化磷酸化速度加快。（　　）

2. 能用于抢救氰化物中毒患者的药物是水杨酸。（　　）

3. 呼吸链的各细胞色素在电子传递中的排列顺序是 $c_1 \rightarrow b \rightarrow c \rightarrow aa_3 \rightarrow O_2$。（　　）

4. 生物氧化只有在氧气存在的条件下才能进行。（　　）

5. 代谢物脱下的 2mol 氢原子经呼吸链氧化成水时，所释放的能量都储存于高能化合物中。（　　）

6. 物质在空气中燃烧和在体内的生物氧化的化学本质是完全相同的，但所经历的路途不同。（　　）

7. 呼吸链中的递氢体本质上都是递电子体。（　　）

8. 细胞色素是指含有 FAD 辅基的电子传递蛋白。（　　）

9. ATP 是生物体内能量的储存方式。（　　）

10. 生物体内的磷酸化合物都是高能化合物。（　　）

四、名词解释

1. 生物氧化
2. 高能磷酸化合物
3. 呼吸链
4. 氧化磷酸化
5. 底物水平磷酸化

五、问答题

1. 影响氧化磷酸化的因素有哪些?
2. 写出 NADH 呼吸链并注明与 ATP 偶联的部位。

第六章　糖　代　谢

学习目标

1. 知识目标　掌握糖的概念和分类；掌握糖的代谢途径及生理意义；掌握血糖的意义。熟悉糖的消化和吸收，血糖的来源和去路。了解糖的结构，血糖的调节；了解糖原的合成与分解。

2. 技能目标　认识糖在自然界的存在形式和生命中的重要作用；知道糖尿病的相关知识；学会食物中糖的测定方法。

第一节　概　　述

糖是一类化学本质为多羟基醛或多羟基酮及其衍生物的有机化合物，在自然界分布广泛，尤其在植物中含量丰富，在人体内糖的主要形式是葡萄糖（G）及糖原（Gn），占干重的2%～3%。由于糖类由碳、氢、氧三种元素组成，大多数糖类的分子式符合$C_n(H_2O)_m$的通式，所以糖类又称“碳水化合物”。

知识拓展

糖的来源

淀粉是糖的主要来源。大米和面粉都富含淀粉，我们也可以从新鲜水果和蔬菜中获得足够的身体所需的糖类，这些水果和蔬菜包括香蕉、苹果、玉米、豌豆、马铃薯和南瓜等。

一、糖的生理功能

1. 提供能量　正常人体维持体温和各项生命活动所需的能量50%～70%来源于糖的分解代谢，每1g葡萄糖完全氧化能提供约17.15kJ的能量。糖在机体内比脂肪、蛋白质更容易、更迅速地转化为能量，所以糖是人体能量的主要来源。

2. 构成生物体的组织结构　比如构成植物茎秆部分的主要成分——纤维素，构成人及动物细胞间质当中的黏多糖等，都是糖类。糖类还与体内的蛋白质、脂质结合形成具有生理活性的结合物如糖脂、黏蛋白和核糖等。

此外糖类可以作为药品、保健品、食品添加剂、化妆品使用。

二、糖的分类

所有的糖都是以单糖为基本单位构成，从单糖开始，如葡萄糖和果糖，可以形成双糖，甚至有上亿个糖分子组成的复合聚合物——多糖。

1. 单糖　指不能用水解方法再降解的糖，是所有碳水化合物的基本单位。食物中最常见的单糖是葡萄糖和果糖。人体吸收的碳水化合物大多转化为葡萄糖，细胞用来产生能量的也是葡萄糖。大多数单糖都能够迅速被消化吸收，并提供能量来源。

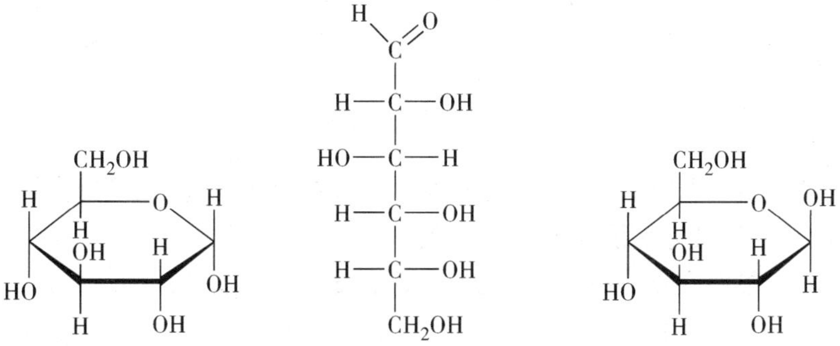

α-D-葡萄糖（吡喃型）　D-葡萄糖（直链型）　β-D-葡萄糖（吡喃型）

2. 寡糖　又称低聚糖，是由少量单糖分子（2～10个）缩合形成的糖。根据其结构中单糖的数量可分为二糖（双糖）如蔗糖、麦芽糖和乳糖；三糖如棉子糖。

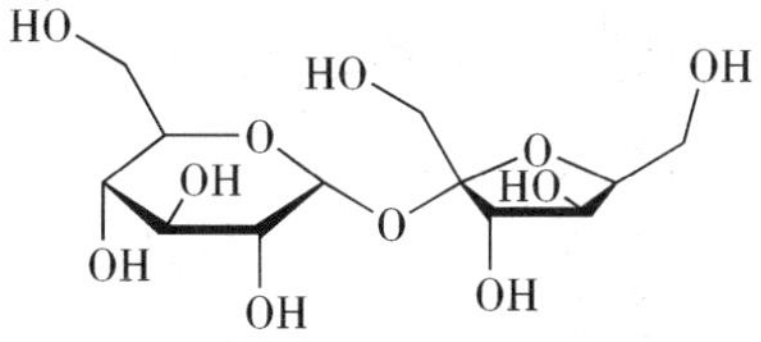

蔗糖

3. 多糖　由多个（10个以上）单糖分子缩合而成，是一类分子机构复杂且庞大的糖类物质（图6-1）。凡符合高分子化合物概念的碳水化合物及其衍生物均称为多糖。多糖在自然界分布极广，亦很重要。有的是构成动植物骨架结构的组成成分，如纤维素；有的是作为动植物储藏的养分，如糖原和淀粉；有的具有特殊的生物活性，像人体中的肝素有抗凝血作用，肺炎球菌细胞壁中的多糖有抗原作用。

三、糖的消化和吸收

食物中的糖主要是淀粉，另外包括一些双糖及单糖。多糖及双糖都必须经过酶的催化，水解成单糖才能被吸收。

食物中的淀粉经唾液、胰液和小肠中的消化酶的作用，水解成为葡萄糖。小肠黏膜还有蔗糖酶和乳糖酶，前者将蔗糖分解成葡萄糖和果糖，后者将乳糖分解成葡萄糖和半

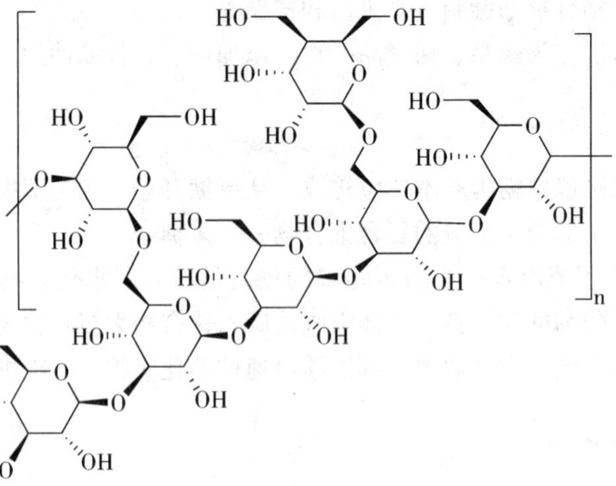

图 6-1　多糖的结构

乳糖。有些成人由于乳糖酶缺乏，在食用牛奶后发生乳糖消化吸收障碍，而引起腹胀、腹泻等症状，可以通过食用脱乳糖牛奶避免上述症状。

糖被消化成单糖后的主要吸收部位是小肠上段。

第二节　葡萄糖的分解代谢

葡萄糖在机体组织细胞中的分解主要有三条途径：糖的无氧酵解、糖的有氧氧化和磷酸戊糖途径（图 6-2）。

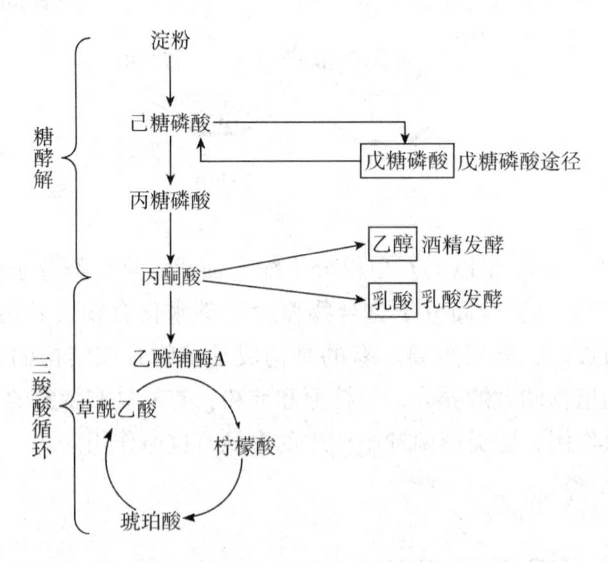

图 6-2　糖代谢的途径

一、糖的无氧酵解

当机体处于相对缺氧情况（如剧烈运动）时，葡萄糖或糖原分解生成乳酸，并产生能量的过程称为糖的无氧酵解。这个代谢过程常见于运动时的骨骼肌，因与酵母的生醇发酵非常相似，故又称为糖酵解。具体过程见图6-3。

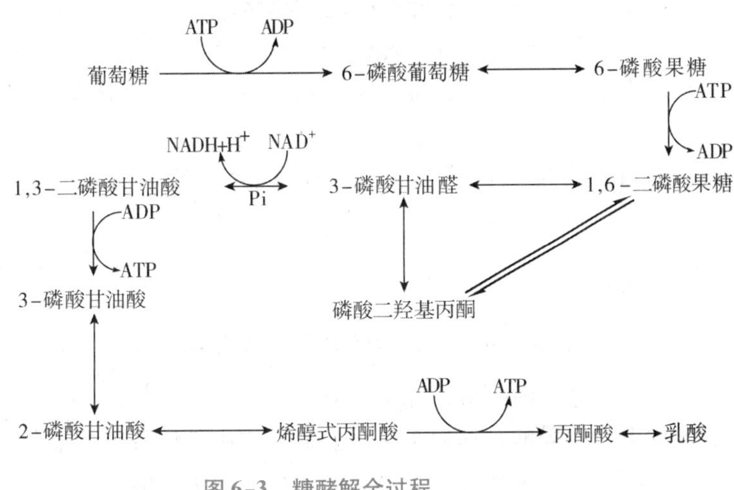

图6-3 糖酵解全过程

（一）反应过程

参与糖酵解反应的一系列酶存在于细胞质中，因此糖酵解的全部反应过程均在细胞质中进行。根据反应特点，可将整个过程分为四个阶段：

1. 第一阶段 己糖磷酸化，在此阶段，葡萄糖变为1,6-二磷酸果糖（F-1,6-2P）。

（1）由己糖激酶催化葡萄糖生成6-磷酸葡萄糖（G-6-P），ATP提供磷酸基团。己糖激酶是糖酵解过程关键酶之一。

（2）在磷酸己糖异构酶催化下G-6-P生成6-磷酸果糖（F-6-P）。

（3）6-磷酸果糖生成1,6-二磷酸果糖（F-1,6-2P）。催化此反应的酶是6-磷酸果糖激酶，这是糖酵解途径的第二次磷酸化反应，需要ATP参与。6-磷酸果糖激酶是糖酵解过程的主要限速酶，是糖酵解过程中的主要调节点。

这一阶段的主要特点是葡萄糖的磷酸化，并伴随着能量的消耗，每生成1分子1,6-二磷酸果糖要消耗2分子ATP。

2. 第二阶段 1分子磷酸己糖裂解为2分子磷酸丙糖。

1分子1,6-二磷酸果糖裂解为2分子磷酸丙糖，即3-磷酸甘油醛和磷酸二羟丙酮，两者互为异构体，此反应由醛缩酶催化，反应可逆。在磷酸丙糖异构酶催化下可互相转变。这个阶段不消耗能量。

3. 第三阶段 2分子磷酸丙糖氧化为2分子丙酮酸。

（1）1,3-磷酸甘油醛脱氢氧化成为1,3-二磷酸甘油酸。此反应由3-磷酸甘油醛脱氢酶催化脱氢、加磷酸，其辅酶为NAD^+，反应脱下的氢交给NAD^+成为$NADH+H^+$；

反应时释放的能量可转移给 ADP 形成 ATP。

（2）1,3-二磷酸甘油酸转变3-磷酸甘油酸。此反应由3-磷酸甘油酸激酶催化，产生1分子 ATP，这是无氧酵解过程中第一次生成 ATP。在这一过程中，1分子葡萄糖可产生2分子 ATP。

（3）3-磷酸甘油酸转变成2-磷酸甘油酸。

（4）2-磷酸甘油酸脱水生成磷酸烯醇式丙酮酸。

（5）磷酸烯醇式丙酮酸转变丙酮酸。此反应由丙酮酸激酶（限速酶）催化，Mg^{2+}作为激活剂，产生1分子 ATP。这是无氧酵解过程第二次生成 ATP，1分子葡萄糖可产生2分子 ATP。

第三阶段的特点是能量的产生。共产生4分子 ATP，产生方式都是底物水平磷酸化。

课堂互动

请问大家，剧烈运动之后，为什么会出现身体酸痛？

4. 第四阶段 2分子丙酮酸还原为2分子乳酸。

在无氧条件下，丙酮酸被还原为乳酸。此反应由乳酸脱氢酶催化，骨骼肌中含有的乳酸脱氢酶和丙酮酸亲和力较高，有利于丙酮酸还原为乳酸。

（二）能量变化

1分子葡萄糖在缺氧的条件下转变为2分子乳酸，同时伴随着能量的产生，净产生2分子 ATP。

（三）生理意义

1. 主要的生理功能是在机体缺氧时迅速提供能量。比如身体剧烈运动时，消耗氧气过多，供氧不能满足机体需要，可以通过糖酵解来产生能量。但由于最终产物是乳酸，在体内堆积过多会引起肌肉酸痛，甚至酸中毒。

2. 正常情况下为一些细胞提供部分能量。比如成熟的红细胞，因为没有线粒体，只能依靠糖酵解提供能量。

3. 糖酵解是糖有氧氧化的前段过程，其一些中间代谢物是脂类、氨基酸等合成的前体。

二、糖的有氧氧化

葡萄糖生成丙酮酸后，在有氧条件下，进一步氧化生成乙酰辅酶 A，经三羧酸循环彻底氧化成水、二氧化碳及能量的过程。这是糖氧化的主要方式，是机体获得能量的主要途径。

（一）反应过程

1. 第一阶段 葡萄糖氧化生成丙酮酸。

这一阶段和糖酵解过程相似，在细胞质中进行。在缺氧的条件下丙酮酸生成乳酸。在有氧的条件下丙酮酸进入线粒体生成乙酰辅酶 A，再进入三羧酸循环。

2. 第二阶段 丙酮酸氧化脱羧生成乙酰辅酶 A。

在有氧条件下，丙酮酸从细胞质进入线粒体。在丙酮酸脱氢酶复合体的催化下进行氧化脱羧反应，生成乙酰辅酶 A 及 $NADH + H^+$，反应不可逆。此阶段 1 分子丙酮酸可产生 3 个 ATP。

3. 第三阶段 三羧酸循环。

丙酮酸氧化脱羧生成的乙酰辅酶 A 要彻底进行氧化，这个氧化过程是三羧酸循环（TCA cycle）。三羧酸循环是 Krebs 于 1937 年发现的，故又称 Krebs 循环（图 6-4）。

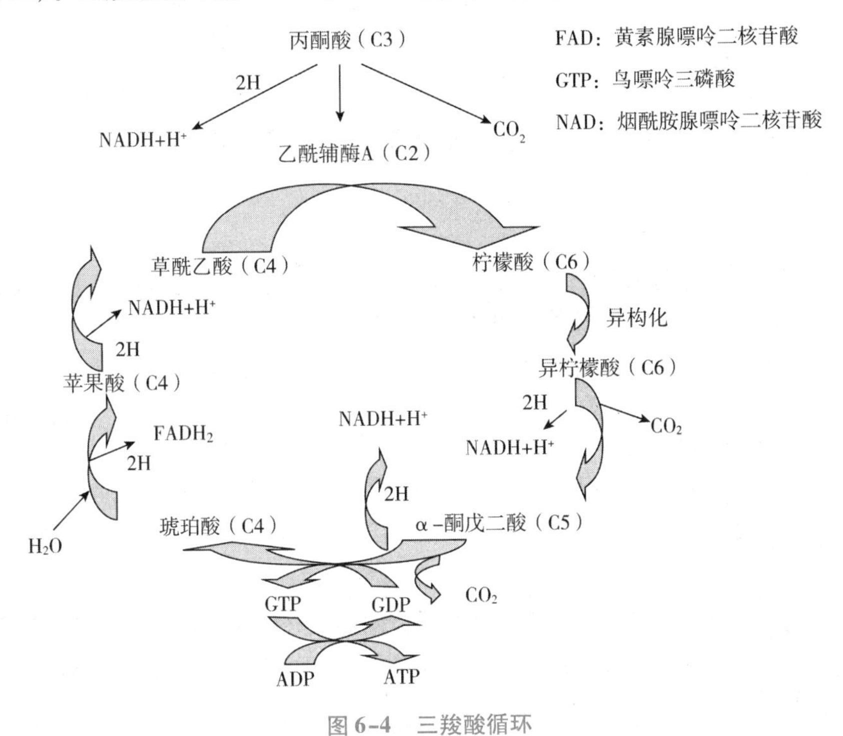

图 6-4 三羧酸循环

（1）三羧酸循环反应过程

①乙酰辅酶 A 与草酰乙酸缩合生成柠檬酸，经异构化生成异柠檬酸。

②异柠檬酸 β-氧化、脱羧生成 α-酮戊二酸。

此反应在异柠檬酸脱氢酶作用下进行脱氢、脱羧，这是三羧酸循环中第一次氧化脱羧。脱氢生成的 $NADH + H^+$ 在线粒体内膜上经呼吸链传递生成水，氧化磷酸化生成 3 分子 ATP。

③α-酮戊二酸氧化、脱羧生成琥珀酰辅酶 A。

此反应在 α-酮戊二酸脱氢酶复合体的催化下脱氢、脱羧生成琥珀酰辅酶 A，这是三羧酸循环中第二次氧化脱羧。脱氢生成 $NADH + H^+$，在线粒体内膜上经呼吸链传递生成水，氧化磷酸化生成 3 分子 ATP。

④琥珀酰辅酶 A 转变为琥珀酸。

此反应由琥珀酸硫激酶（琥珀酰辅酶 A 合成酶）催化，琥珀酰辅酶 A 中的高能硫酯键释放能量，可以转移给 ADP（或 GDP），形成 ATP（或 GTP）。这是三羧酸循环中唯一的一次底物水平磷酸化，生成 1 分子 ATP。

⑤琥珀酸脱氢转变为延胡索酸，再转变为苹果酸。

此反应由琥珀酸脱氢酶催化，辅酶是 FAD，脱氢后生成 $FADH_2$，在线粒体内膜上经呼吸链传递生成水，氧化磷酸化生成 2 分子 ATP。

⑥苹果酸脱氢生成草酰乙酸。

此反应由苹果酸脱氢酶催化，辅酶是 NAD^+，脱氢后生成 $NADH + H^+$，在线粒体内膜上经呼吸链传递生成水，氧化磷酸化生成 3 分子 ATP。

课堂互动

大家想一想，算一算。1 分子的葡萄糖彻底有氧氧化能产生多少分子的 ATP？

(2) 三羧酸循环的特点

①三羧酸循环是乙酰辅酶 A 的彻底氧化过程。草酰乙酸在反应前后并无量的变化。三羧酸循环中的草酰乙酸主要来自丙酮酸的直接羧化。

②三羧酸循环是能量的产生过程，1 分子乙酰 CoA 通过 TCA 经历了 4 次脱氢（3 次脱氢生成 $NADH + H^+$，1 次脱氢生成 $FADH_2$），2 次脱羧生成 CO_2，1 次底物水平磷酸化，共产生 12 分子 ATP。

③三羧酸循环中柠檬酸合酶、异柠檬酸脱氢酶、α-酮戊二酸脱氢酶复合体是反应的关键酶，决定反应的单向循环。

(3) 三羧酸循环的生理意义

①三羧酸循环是糖、脂和蛋白质三大物质代谢的最终代谢通路。糖、脂和蛋白质在体内代谢都最终生成乙酰辅酶 A，然后进入三羧酸循环彻底氧化分解成水、CO_2和产生能量。

②三羧酸循环是糖、脂和蛋白质三大物质代谢的枢纽。

（二）有氧氧化的生理意义

糖有氧氧化的主要功能是提供能量，人体内绝大多数组织细胞通过糖的有氧氧化获取能量。体内 1 分子葡萄糖彻底有氧氧化生成 38（或 36）分子 ATP，产生能量的有效率为 40% 左右。在肝、肾、心等组织中 1 分子葡萄糖彻底氧化可生成 38 分子 ATP，而骨骼肌及脑组织中只能生成 36 分子 ATP，这一差别的原因是由于葡萄糖到丙酮酸这阶段的反应是在细胞质中进行，3-磷酸甘油醛脱氢酶的辅酶 $NADH + H^+$ 又必须在线粒体内进行氧化磷酸化，因此 $NADH + H^+$ 要通过穿梭系统进入线粒体，由于穿梭系统的不同，最后获得 ATP 数目亦不同。

三、磷酸戊糖途径

磷酸戊糖途径是葡萄糖氧化分解的另一条重要途径，约 30% 的葡萄糖由此途径代谢。它的功能不是产生 ATP，而是产生细胞所需的具有重要生理作用的特殊物质，如 NADPH 和 5-磷酸核糖。这条途径存在于肝脏、脂肪组织、甲状腺、肾上腺皮质、性腺、红细胞等组织中。代谢相关的酶存在于细胞质中。

（一）反应过程

1. 第一阶段 氧化反应。

6-磷酸葡萄糖在第一位碳原子上脱氢脱羧而转变为5-磷酸核酮糖，同时生成2分子 $NADPH + H^+$ 及1分子 CO_2。5-磷酸核酮糖在异构酶的作用下成为5-磷酸核糖。在这一阶段中产生了 $NADPH + H^+$ 和5-磷酸核糖这两个重要的代谢产物。

2. 第二阶段 非氧化反应。

在这一阶段中磷酸戊糖继续代谢，通过一系列的反应，循环再生成 G-6-P。6分子5-磷酸核糖生成5分子6-磷酸葡萄糖（G-6-P）和6分子 CO_2。

（二）生理意义

磷酸戊糖途径不是供能的主要途径，它的主要生理作用是提供生物合成所需的一些原料。

1. 提供 $NADPH + H^+$。$NADPH + H^+$ 作为供氢体，参与生物合成反应。如脂肪酸、类固醇激素等生物合成时都需 $NADPH + H^+$，所以脂类合成旺盛的组织如肝脏、乳腺、肾上腺皮质、脂肪组织等磷酸戊糖途径比较活跃。

2. $NADPH + H^+$ 是加单氧酶体系的辅酶之一，参与体内羟化反应，例如一些药物、毒物在肝脏中的生物转化作用等。

3. 生成5-磷酸核糖，为核苷酸、核酸的合成提供原料。

知识拓展

蚕 豆 病

蚕豆病是一种6-磷酸葡萄糖脱氢酶（G-6-PD）缺乏所导致的疾病，表现为在遗传性葡萄糖-6-磷酸脱氢酶（G-6-PD）缺陷的情况下，食用新鲜蚕豆后突然发生的急性血管内溶血。

因6-磷酸葡萄糖脱氢酶（G-6-PD）缺乏，磷酸戊糖途径不能正常进行，不能提供足够的 NADPH 以维持红细胞中还原型谷胱甘肽（GSH）的正常含量。GSH 能去除红细胞中的 H_2O_2，H_2O_2 对脂类的过氧化会导致红细胞膜的破坏，造成溶血。

第三节　糖的贮存与动员

一、糖原的合成

糖原是由许多葡萄糖通过糖苷键相连而成的带有分支的多糖（图 6-5），存在于细胞质中。糖原是体内糖的储存形式，主要以肝糖原、肌糖原形式存在。肝糖原的合成与分解主要是为了维持血糖浓度的相对恒定；肌糖原是肌肉糖酵解的主要来源。糖原合成是由葡萄糖合成糖原的过程。反之，糖原分解则是指肝糖原分解为葡萄糖的过程。

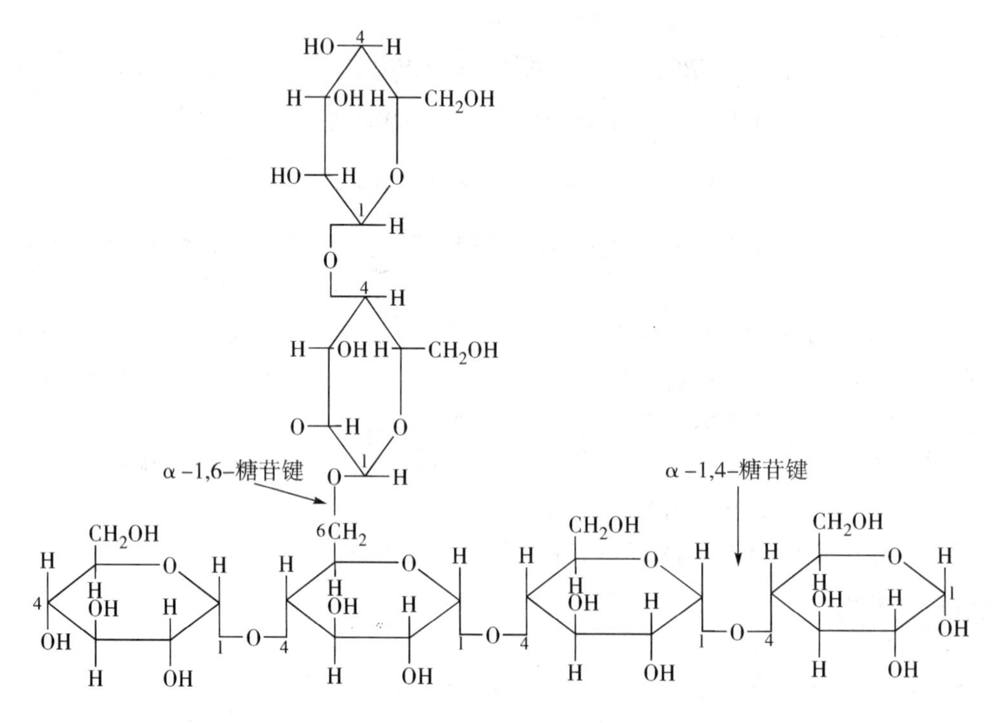

图 6-5　糖原的结构

糖原合成反应可以分为两个阶段：

1. 第一阶段　糖链的延长。

游离的葡萄糖不能直接合成糖原，它必须先磷酸化为 G-6-P 再转变为 G-1-P，后者再进一步转变为尿苷二磷酸葡萄糖（UDPG）。UDPG 是糖原合成的底物，称为活性葡萄糖。在糖原合酶催化下以 α-1,4-糖苷键相连延长糖链。

2. 第二阶段　糖链分支。

糖原合酶只能延长糖链，不能形成分支。当直链部分不断加长到超过 11 个葡萄糖残基时，分支酶可将一段糖链（至少含有 6 个葡萄糖残基）转移到邻近糖链上，以 α-1,6-糖苷键相连接，形成新的分支，分支以 α-1,4-糖苷键继续延长糖链。

二、糖原分解

在限速酶——糖原磷酸化酶的催化下，糖原从分支的非还原端开始，逐个分解以α-1,4-糖苷键连接的葡萄糖残基，形成G-1-P。G-1-P转变为G-6-P后，肝及肾中含有葡萄糖-6-磷酸酶，使G-6-P水解变成游离葡萄糖，释放到血液中，维持血糖浓度的相对恒定。由于肌肉组织中不含葡萄糖-6-磷酸酶，肌糖原分解后不能直接转变为血糖，产生的G-6-P在有氧的条件下被有氧氧化彻底分解，在无氧的条件下糖酵解生成乳酸，后者经血循环运到肝脏进行糖异生，再合成葡萄糖或糖原。

三、糖异生作用

糖异生作用是指非糖物质如生糖氨基酸、乳酸、丙酮酸及甘油等转变为葡萄糖或糖原的过程。糖异生的最主要器官是肝脏，约占总量的90%；其次是肾脏。

（一）反应过程

糖异生反应过程基本上是糖酵解反应的逆过程。由于糖酵解过程中由己糖激酶、6-磷酸果糖激酶及丙酮酸激酶催化的三个反应释放了大量的能量，构成难以逆行的能障，因此这三个反应是不可逆的。在糖异生作用中，这三个反应可以分别通过相应的、特殊的酶催化，使反应逆行，完成糖异生反应过程。

1. 丙酮酸转变为磷酸烯醇式丙酮酸 包括丙酮酸羧化酶和磷酸烯醇式丙酮酸羧激酶催化的两步反应。这个反应是糖酵解过程中磷酸烯醇式丙酮酸生成丙酮酸的逆过程。

2. 1,6-二磷酸果糖转变为6-磷酸果糖 此反应由1,6-二磷酸果糖酶催化进行。这个反应是糖酵解过程中6-磷酸果糖生成1,6-二磷酸果糖的逆过程。

3. 6-磷酸葡萄糖转变为葡萄糖 此反应由葡萄糖-6-磷酸酶催化进行。这个反应是糖酵解过程中己糖激酶催化葡萄糖生成6-磷酸葡萄糖的逆过程。

（二）生理意义

1. 维持血糖稳定。糖异生最重要的生理意义是在空腹或饥饿情况下维持血糖浓度的相对恒定。

2. 乳酸再利用。乳酸大部分是由肌肉和红细胞中糖酵解生成的，经血液运输到肝脏或肾脏，经糖异生再形成葡萄糖，后者可经血液运输回到各组织中继续氧化提供能量。这个过程称为乳酸循环或Cori循环。乳酸循环可以防止因乳酸堆积引起的酸中毒。

3. 糖异生促进肾脏排H^+、缓解酸中毒。

第四节 血 糖

血液中的葡萄糖，称为血糖（blood sugar）。体内血糖浓度是反映机体内糖代谢状况的一项重要指标。正常情况下，血糖浓度是相对恒定的。正常人空腹血糖浓度为

3.9～6.1mmol/L（葡萄糖氧化酶法）。空腹血浆葡萄糖浓度高于7.0mmol/L，2次重复测定可诊断为糖尿病。低于2.8mmol/L称为低血糖。要维持血糖浓度的相对恒定，必须保持血糖的来源和去路的动态平衡。

一、血糖代谢

血糖的来源：①食物中的糖是血糖的主要来源；②肝糖原分解是空腹时血糖的直接来源；③非糖物质如甘油、乳酸及生糖氨基酸通过糖异生作用生成葡萄糖，在长期饥饿时作为血糖的来源。

血糖的去路：①在各组织中氧化分解提供能量，这是血糖的主要去路；②在肝脏、肌肉等组织进行糖原合成；③转变为其他糖及其衍生物，如核糖、氨基糖和糖醛酸等；④转变为非糖物质，如脂肪、非必需氨基酸等；⑤血糖浓度过高时，由尿液排出，出现糖尿（图6-6）。

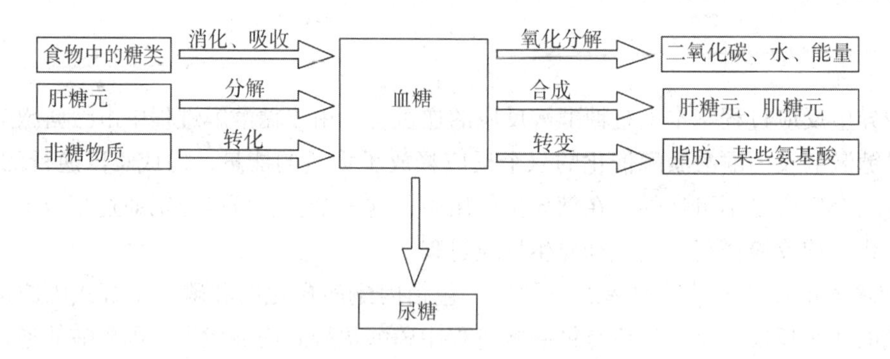

图6-6 血糖的来源和去路

二、血糖调节

正常人体血糖浓度维持在一个相对恒定的水平，这对保证人体各组织器官的利用非常重要，特别是脑组织，几乎完全依靠葡萄糖供能进行神经活动，血糖供应不足会使神经功能受损，因此血糖浓度维持在相对稳定的正常水平是极为重要的。

正常人体内存在着精细的调节血糖来源和去路动态平衡的机制，保持血糖浓度的相对恒定是神经系统、激素及组织器官共同调节的结果。神经系统对血糖浓度的调节主要通过下丘脑和自主神经系统调节相关激素的分泌。激素对血糖浓度的调节，主要是通过胰岛素、胰高血糖素、肾上腺素、糖皮质激素、生长激素及甲状腺激素之间相互协同、相互拮抗以维持血糖浓度的恒定。

肝脏是调节血糖浓度的最主要器官。当血糖浓度过高时，肝细胞膜上的葡萄糖运转蛋白2（GLUT2）起作用，快速摄取过多的葡萄糖进入肝细胞，通过肝糖原合成来降低血糖浓度；血糖浓度过高会刺激胰岛素分泌，导致肝脏及肌肉和脂肪组织细胞膜上GLUT4的量迅速增加，加快对血液中葡萄糖的吸收，合成肌糖原或转变成脂肪储存起来。当血糖浓度偏低时，肝脏通过糖原分解及糖异生升高血糖浓度。

知识拓展

糖 尿 病

糖尿病是一种常见的内分泌疾病，是由于人体内胰岛素绝对或相对缺乏而引起的血糖浓度升高，进而糖大量从尿中排出。糖尿病的典型症状包括口渴、多饮、多尿、多食和消瘦（体重下降），常常称之为“三多一少”。传统上中医称之为“消渴”，即消瘦烦渴之意。进一步发展则引起全身各种严重的急、慢性并发症，威胁身体健康。

糖尿病通常分为Ⅰ型糖尿病和Ⅱ型糖尿病两种。

目 标 测 试

一、填空题

1. 三羧酸循环在细胞________进行；糖酵解在细胞________进行。

2. 许多非糖物质如________，________，以及某些氨基酸等能在肝脏中转变为糖原，称为________。

3. 三羧酸循环脱下的________通过呼吸链氧化生成________的同时还产生 ATP

4. 糖酵解过程中有 3 个不可逆的酶促反应，这些酶是________、________和________。

5. 1mol 葡萄糖氧化生成 CO_2 和 H_2O 时，净生成________ mol ATP。

6. 三羧酸循环的第一步反应产物是________。

二、单选题

1. 糖异生途径中哪一种酶代替糖酵解的己糖激酶（　　）
   A. 丙酮酸羧化酶　　B. 磷酸烯醇式丙酮酸羧激酶
   C. 葡萄糖-6-磷酸酶　　D. 磷酸化酶

2. 三羧酸循环的第一步反应产物是（　　）
   A. 柠檬酸　　B. 草酰乙酸
   C. 乙酰 CoA　　D. CO_2

3. 糖酵解的关键酶是（　　）
   A. 丙糖激酶　　B. 磷酸果糖激酶
   C. 酮酸激酶　　D. 甘油激酶

4. 糖酵解途径的场所是（　　）
   A. 胞液　　B. 线粒体　　C. 内质网　　D. 细胞核

5. 糖酵解的速度主要取决于哪种酶的活性（　　）
   A. 磷酸葡萄糖变位酶　　B. 磷酸果糖激酶
   C. 醛缩酶　　D. 磷酸甘油激酶

6. 关于糖酵解途径的叙述错误的是（　　）
   A. 是体内葡萄糖氧化分解的主要途径
   B. 全过程在胞液中进行
   C. 该途径中有 ATP 生成步骤
   D. 是由葡萄糖生成丙酮酸的过程
7. 三羧酸循环主要在细胞的哪个部位进行（　　）
   A. 胞液　　B. 细胞核　　C. 线粒体　　D. 微粒体
8. 下列途径中哪个主要发生在线粒体中（　　）
   A. 糖酵解途径　　B. 三羧酸循环
   C. 戊糖磷酸途径　　D. C3 循环
9. 关于磷酸戊糖途径的叙述错误的是（　　）
   A. 6－磷酸葡萄糖转变为戊糖
   B. 6－磷酸葡萄糖转变为戊糖时每生成 1 分子 CO_2，同时生成 1 分子 $NADH+H^+$
   C. 6－磷酸葡萄糖生成磷酸戊糖需要脱羧
   D. 此途径生成 $NADPH+H^+$ 和磷酸戊糖
10. 支链淀粉分子中以哪种糖苷键形成分支（　　）
    A. α-1,2　　B. α-1,3　　C. α-1,4　　D. α-1,6
11. 糖的有氧氧化最终产物是（　　）
    A. CO_2+H_2O+ATP　　B. 乳酸
    C. 丙酮酸　　D. 乙酰 CoA
12. 直链淀粉分子中葡萄糖基之间以哪种糖苷键连接（　　）
    A. α-1,2　　B. α-1,3　　C. α-1,4　　D. α-1,6
13. 不能经糖异生合成葡萄糖的物质是（　　）
    A. α-磷酸甘油　　B. 丙酮酸　　C. 乙酰 CoA　　D. 生糖氨基酸
14. 葡萄糖分解代谢时，首先形成的化合物是（　　）
    A. F-1-P　　B. G-1-P　　C. G-6-P　　D. F-6-P
15. 肌糖原不能直接补充血糖，是因为肌肉组织中不含（　　）
    A. 磷酸化酶　　B. 己糖激酶
    C. 6-磷酸葡萄糖脱氢酶　　D. 葡萄糖-6-磷酸酶
16. 下列哪条途径与核酸合成密切相关（　　）
    A. 糖酵解　　B. 糖异生　　C. 糖原合成　　D. 磷酸戊糖途径

三、判断题（对的打“√”，错的打“×”）

1. 糖酵解反应有氧无氧均能进行。（　　）
2. TCA 循环可以产生 $NADH_2$ 和 $FADH_2$，但不能产生高能磷酸化合物。（　　）
3. 三羧酸循环提供大量能量是因为经底物水平磷酸化直接生成 ATP。（　　）
4. 在无氧条件下，糖酵解产生的 NADH 使丙酮酸还原为乳酸。（　　）
5. 剧烈运动后肌肉发酸是由于丙酮酸被还原为乳酸的结果。（　　）

四、名词解释

1. 三羧酸循环　　2. 糖异生作用

五、问答题

1. 试比较糖酵解和糖有氧氧化有何不同。
2. 简述三羧酸循环及磷酸戊糖途径的生理意义。

第七章 脂类代谢

学习目标

1. 知识目标 了解脂类及其生理功能；消化与吸收。

掌握脂肪动员的概念及限速酶；掌握脂肪酸活化、转运和β-氧化过程；掌握酮体生成、氧化和生理意义及酮症。了解甘油代谢。

熟悉脂肪酸（软脂酸）合成的原料、部位，了解其基本过程及关键酶。熟悉甘油三酯合成过程。熟悉血浆脂蛋白分类、组成及功能；甘油磷脂的合成，胆固醇合成部位、原料。熟悉胆固醇的转化和排泄。

2. 技能目标 熟悉必需脂肪酸的概念及来源。了解肥胖的有关知识；高脂蛋白血症和脂肪肝的有关知识。

第一节 概 述

脂类是一类难溶于水而易溶于有机溶剂的生物分子，是生物体的重要组成部分。

知识拓展

脂类的膳食来源

膳食脂类的来源包括烹调油及食物本身含有的脂类。动物性食物来源主要有猪、牛、羊等的动物脂肪及内脏、奶、蛋及其制品；植物性食物来源主要是各种植物油和坚果，如花生油、菜籽油、大豆油、玉米油、葵花籽油及花生、芝麻、核桃等。

含磷脂丰富的食物有蛋黄及脑、肝、肾等内脏，大豆的磷脂含量也较多。蛋黄、肉类及内脏也含丰富的胆固醇。

一、脂的分类及结构

脂类包括脂肪和类脂。脂肪是由一分子甘油和三分子脂肪酸组成的酯，又称甘油三酯；类脂则主要包括磷脂、糖脂、胆固醇及其酯。它们是生物体的重要组成成分之一，有着重要的生理功能。

（一）甘油三酯的化学结构

甘油三酯是一分子甘油和三分子脂肪酸组成的酯。其结构式如下：

```
                   O
                   ‖
CH2—O—C—R1
|                  O
|                  ‖
CH —O—C—R2
|                  O
|                  ‖
CH2—O—C—R3
```

组成甘油三酯的脂肪酸种类较多，大多数是含偶数碳原子的长链（12～26碳）脂肪酸。根据分子中是否含有双键，可分为饱和脂肪酸和不饱和脂肪酸两类。饱和脂肪酸中以十六碳酸（软脂酸）和十八碳酸（硬脂酸）最为常见。不饱和脂肪酸按双键数目可分为单不饱和脂肪酸和多不饱和脂肪酸。

课堂互动

大家知道为什么动物脂肪是固体而植物脂肪多为液态吗？

多数脂肪酸在人体内都能够合成，只有亚油酸、亚麻酸在体内不能合成，必须由食物供给，称为必需脂肪酸。花生四烯酸可由亚油酸转变而成，但因亚油酸是必需脂肪酸，故花生四烯酸也被看成必需脂肪酸。

知识拓展

必需脂肪酸和鱼油

必需脂肪酸有多种生理功能，如促进发育，维持皮肤和毛细血管的健康，与精子形成和前列腺素合成关系密切，可减轻放射线造成的损伤，还有促进胆固醇代谢、防治冠心病的作用。必需脂肪酸的主要食物来源为富含多不饱和脂肪酸的植物油，葵花籽油、红花油、玉米油和大豆油中的亚油酸含量高。大豆油、亚麻籽油和低芥酸菜籽油含亚麻酸高。

EPA和DHA分别是亚麻酸和亚油酸的衍生物，主要存在于海鱼。这两种脂肪酸具有扩张血管、降低血脂、抑制血小板聚集、降血压等作用，可预防脑血栓、心肌梗死、高血压等老年病的发生。

（二）磷脂的化学结构

磷脂按照化学组成不同分为甘油磷脂和鞘磷脂。人体内含量最多的磷脂是甘油磷脂，分布也广，而鞘磷脂主要分布在大脑和神经髓鞘中。

1. **甘油磷脂** 是由甘油、脂肪酸、磷酸和含氮化合物构成。

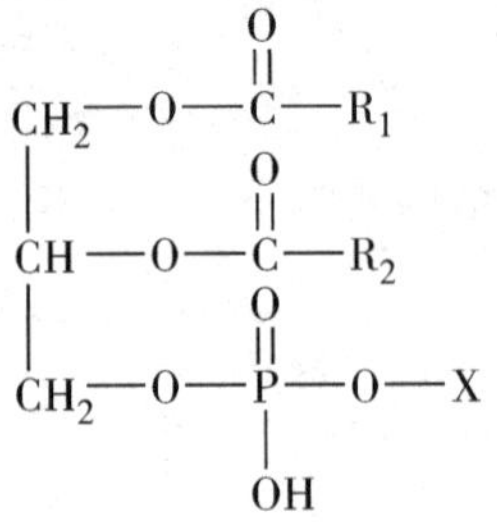

```
        O
        ‖
CH₂—O—C—R₁
|       O
|       ‖
CH —O—C—R₂
|       O
|       ‖
CH₂—O—P—O—X
        |
        OH
```

$X=HO—CH_2CH_2N^+(CH_3)_3$ （胆碱）

$X=HO—CH_2CH_2NH_3^+$ （乙醇胺）

$X=HO—CH_2—CH(NH_2)COOH$ （丝氨酸）

根据含氮化合物的不同可分为多种，如磷脂酰胆碱（卵磷脂）、磷脂酰胆胺（脑磷脂）、磷脂酰丝氨酸、磷脂酰肌醇等。最常见的是磷脂酰胆碱和磷脂酰胆胺。

磷脂分子中既含有疏水基团，又含有亲水基团，是脂类中极性最大的化合物，在水和非极性溶剂中都有很大的溶解性。是构成血浆脂蛋白和生物膜的重要成分。

2. 鞘磷脂 人体内含量最多的鞘磷脂是神经鞘磷脂。鞘磷脂是构成生物膜的重要磷脂。

（三）胆固醇的化学结构

胆固醇具有环戊烷多氢菲的基本结构，在体内以游离胆固醇和胆固醇酯的形式存在。结构如下：

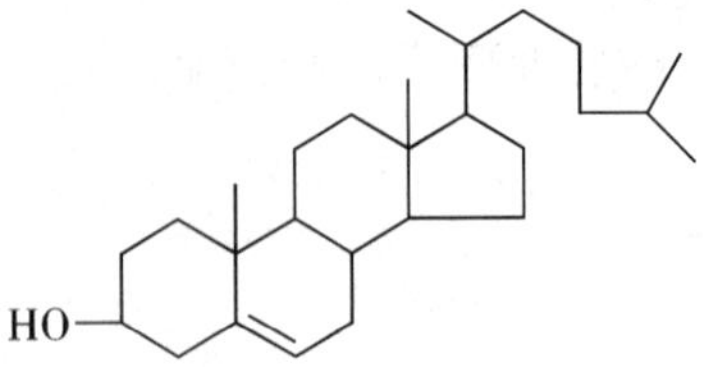

HO—

胆固醇

R—CO—O—（C=O）

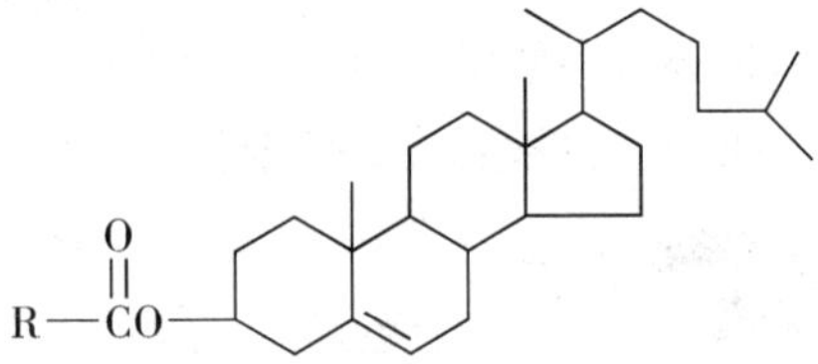

胆固醇酯

二、脂类的分布及生理功能

（一）脂类的分布

脂肪主要分布于皮下、大网膜、肠系膜以及脏器周围的脂肪组织内，这些部位称为脂库，含量占体重的10%～20%，女性稍多。体内脂肪含量随营养状况及机体活动等而有较大变动，因此称为可变脂。

类脂主要分布于细胞的各种膜结构中，以神经组织含量最多，约占体重的5%，其含量不受营养状况及机体活动的影响，称为恒定脂。

（二）脂类的生理功能

1. 甘油三酯的生理功能

（1）储能和供能 1g脂肪氧化分解可产生38.9kJ（9.3kcal）的能量，比等量的糖和蛋白质多一倍多。人体正常生命活动所需能量的20%～30%来自脂肪氧化。在空腹时，机体所需能量主要来自于脂肪的氧化分解。同时脂肪是疏水物质，结合水分少，体积小，是体内储能的主要形式。

(2) 提供必需脂肪酸 甘油三酯分子中的必需脂肪酸是维持机体生长发育和维持皮肤正常代谢所必需的。如花生四烯酸是体内合成前列腺素、白三烯、促血栓素等生物活性物质的原料（前体）。

(3) 促进脂溶性维生素的吸收 脂肪不仅与脂溶性维生素共存，还能促进脂溶性维生素在肠道中的溶解与吸收。

(4) 保护内脏 脏器周围的脂肪组织能缓冲外来的机械撞击，使内脏免受损伤。

(5) 维持体温 脂肪不易导热，分布在皮下的脂肪组织，可以防止热量的散发而保持体温。

2. 类脂的生理功能 类脂是构成生物膜，如细胞膜、线粒体膜、内质网膜、核膜及神经髓鞘膜的重要成分。

磷脂参与血浆脂蛋白的形成，提供必需脂肪酸，甘油磷脂分子中第二碳原子上的脂酰基多是必需脂肪酸。

胆固醇转变成重要生理活性物质，如胆汁酸、类固醇激素、维生素 D_3等。

三、脂类的消化和吸收

脂类消化的场所在小肠。脂类由于肠蠕动和胆汁酸盐的乳化作用而分散成乳状颗粒，与磷脂、胆固醇共同组成胆汁酸微团。这些微团在胰腺分泌的胰脂肪酶作用下，进行水解。甘油三酯在胰脂肪酶的作用下逐渐水解成甘油一酯和脂肪酸。磷脂水解成溶血磷脂和脂肪酸。胆固醇酯水解成胆固醇和脂肪酸。

甘油三酯 + $2H_2O$ ⟶ 甘油一酯 + 2脂肪酸

磷脂 ⟶ 溶血磷脂 + 脂肪酸

胆固醇酯 ⟶ 胆固醇 + 脂肪酸

脂类的吸收主要在十二指肠下段及空肠上段完成。其中短链（2～4碳）和中链（6～8碳）脂肪酸构成的甘油三酯，水解生成的甘油和脂肪酸经门静脉直接吸收入血。长链（12～26碳）脂肪酸及甘油一酯吸收进入肠黏膜细胞后，重新酯化成甘油三酯，甘油三酯再与载脂蛋白、磷脂、胆固醇等形成乳糜微粒，经淋巴进入血液循环。

长链脂肪酸甘油三酯 —(乳化，胰脂酶)→ 甘油一酯 + 2脂肪酸 —(吸收入肠黏膜细胞)→ 重新酯化成甘油三酯 —(磷脂、胆固醇、载脂蛋白)→

乳糜微粒 ⟶ 淋巴 ⟶ 血液 —(脂蛋白酯酶)→ 脂肪组织

短及中链脂肪酸甘油三酯 —(乳化，胰脂酶)→ 短及中链脂肪酸 + 甘油 —(吸收)→ 门静脉 ⟶ 肝

第二节 甘油三酯的代谢

一、甘油三酯的分解代谢

体内的甘油三酯不断地进行分解，其补充除食物来源外，亦由糖类等化合物合成。其分解和合成在正常情况下处于动态平衡。

（一）脂肪动员

储存在脂肪细胞内的甘油三酯在脂肪酶的作用下，逐步水解成脂肪酸和甘油供其他组织氧化利用的过程称为脂肪动员。

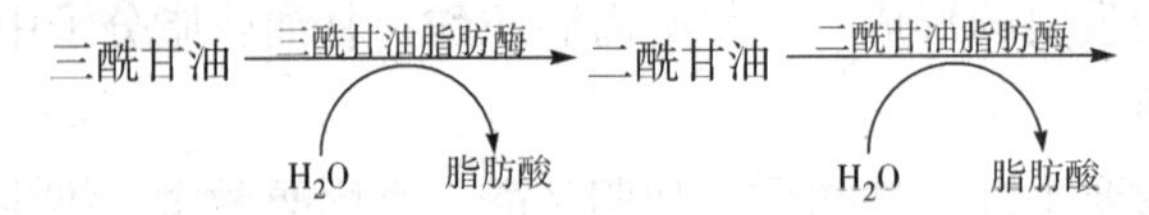

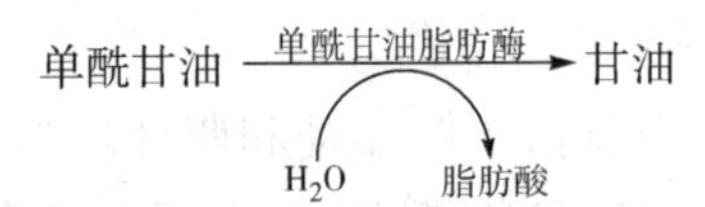

甘油三酯脂肪酶是脂肪动员的限速酶，其活性受激素的调节，故又称为激素敏感脂肪酶。胰高血糖素、肾上腺素、去甲肾上腺素、肾上腺皮质激素及甲状腺素等可激活脂肪组织中的甘油三酯脂肪酶，促进甘油三酯的水解，故将这些激素称为脂解激素。胰岛素可使甘油三酯脂肪酶的活性降低，抑制甘油三酯的水解，故称为抗脂解激素。两类激素协同作用使体内脂肪的水解速度与机体的需要相适应。

（二）甘油的代谢

脂肪动员产生的甘油，主要由血液循环运输到肝、肾和小肠黏膜等组织细胞，经甘油磷酸激酶（肝、肾、小肠黏膜细胞富含此酶）催化生成α-磷酸甘油，α-磷酸甘油脱氢生成磷酸二羟丙酮，磷酸二羟丙酮进入糖代谢途径氧化分解并释放能量供组织细胞利用，少量可在肝脏经糖异生作用转变成葡萄糖或糖原。

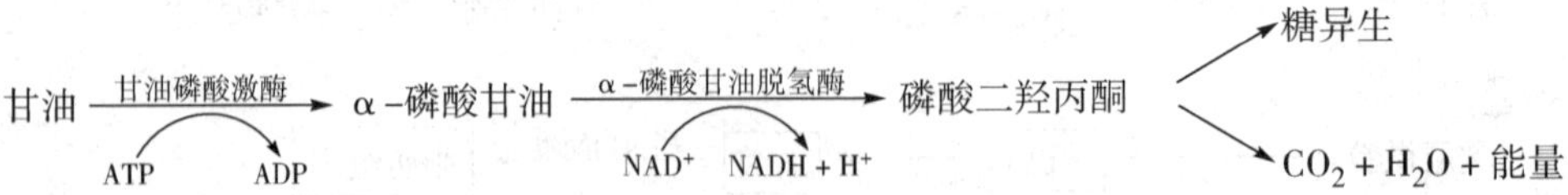

甘油 —甘油磷酸激酶（ATP → ADP）→ α-磷酸甘油 —α-磷酸甘油脱氢酶（NAD^+ → $NADH + H^+$）→ 磷酸二羟丙酮 → 糖异生；→ $CO_2 + H_2O$ + 能量

（三）脂肪酸的氧化分解

除成熟的红细胞和脑组织外，体内大多数组织细胞都能摄取和氧化脂肪酸，以肌肉组织和肝最为活跃。经反复的β-氧化，长链脂肪酸降解为乙酰辅酶A，乙酰辅酶A进入三羧酸循环彻底氧化为CO_2、H_2O并释放出能量。

1. 脂肪酸的活化 脂肪酸氧化分解前须先活化成脂酰辅酶A，此过程发生在细胞的胞液，是一耗能反应。生成的脂酰辅酶A分子中不仅含有高能硫酯键，而且水溶性强，增强了脂肪酸的代谢活性。

2. 脂酰辅酶A进入线粒体 由于氧化脂酰辅酶A的酶均存在于线粒体的基质中，而脂酰辅酶A不能自由穿过线粒体内膜，需要特异的转运载体——肉毒碱和存在于线粒体内膜两侧的肉毒碱脂酰转移酶Ⅰ和Ⅱ的作用，使其进入线粒体基质氧化分解（图7-1）。

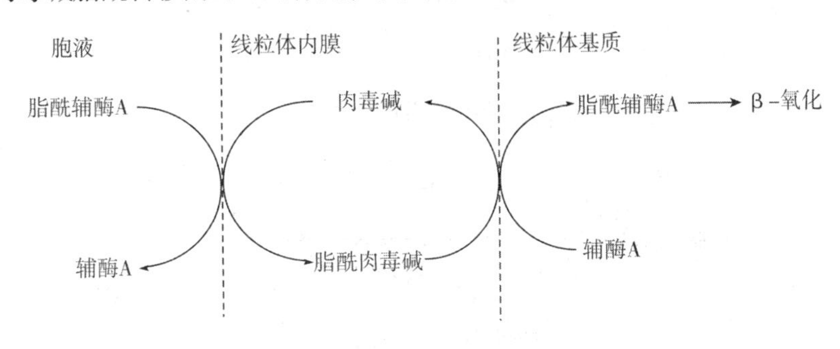

图7-1 脂酰辅酶A进入线粒体

此转运过程是脂肪酸氧化的限速步骤，肉毒碱脂酰转移酶Ⅰ是限速酶。当人处于饥饿、高脂低糖膳食或糖尿病时，糖的氧化供能减少，需要脂肪酸氧化供能，此时肉毒碱脂酰转移酶Ⅰ活性增高，脂肪酸的氧化分解增强。

3. β-氧化 脂酰辅酶A在线粒体基质中的氧化是从脂酰基的β-碳原子开始的，故称为β-氧化。β-氧化包括脱氢、加水、再脱氢、硫解四个连续酶促反应（图7-2），每进行一次β-氧化可产生一分子乙酰辅酶A和一分子比原来少两个碳原子的脂酰辅酶A。长链偶数碳原子的脂酰辅酶A经反复的β-氧化可生成许多分子的乙酰辅酶A。以16碳的软脂酸为例，经过7次β-氧化，可生成8个乙酰辅酶A。

4. 乙酰辅酶A的彻底氧化 β-氧化产生的乙酰辅酶A进入三羧酸循环彻底氧化生成CO_2和H_2O，并释放能量。

脂肪酸是机体的重要能源物质，产生能量比葡萄糖多。以16碳的软脂酸为例，经过7次β-氧化，产生7分子$FADH_2$，7分子$NADH + H^+$及8分子乙酰辅酶A。因此，1分子软脂酸彻底氧化共生成（7×2）+（7×3）+（8×12）=131个ATP，减去活化消耗的2个ATP，净生成129个ATP。

知识拓展

肉 毒 碱

肉毒碱是携带脂酰辅酶A进入线粒体的载体，可促进脂肪酸进入线粒体，脂肪酸氧化可以提供较多的ATP，因此肉毒碱有抗疲劳、降血脂和减肥的作用。近年发现肉毒碱还有改善心肌功能和延缓脑细胞衰老的作用。肉毒碱广泛存在于酵母、奶、肝等动物性食物。人体也能合成，机体利用赖氨酸和蛋氨酸为原料，在肝脏和骨骼肌合成肉毒碱。

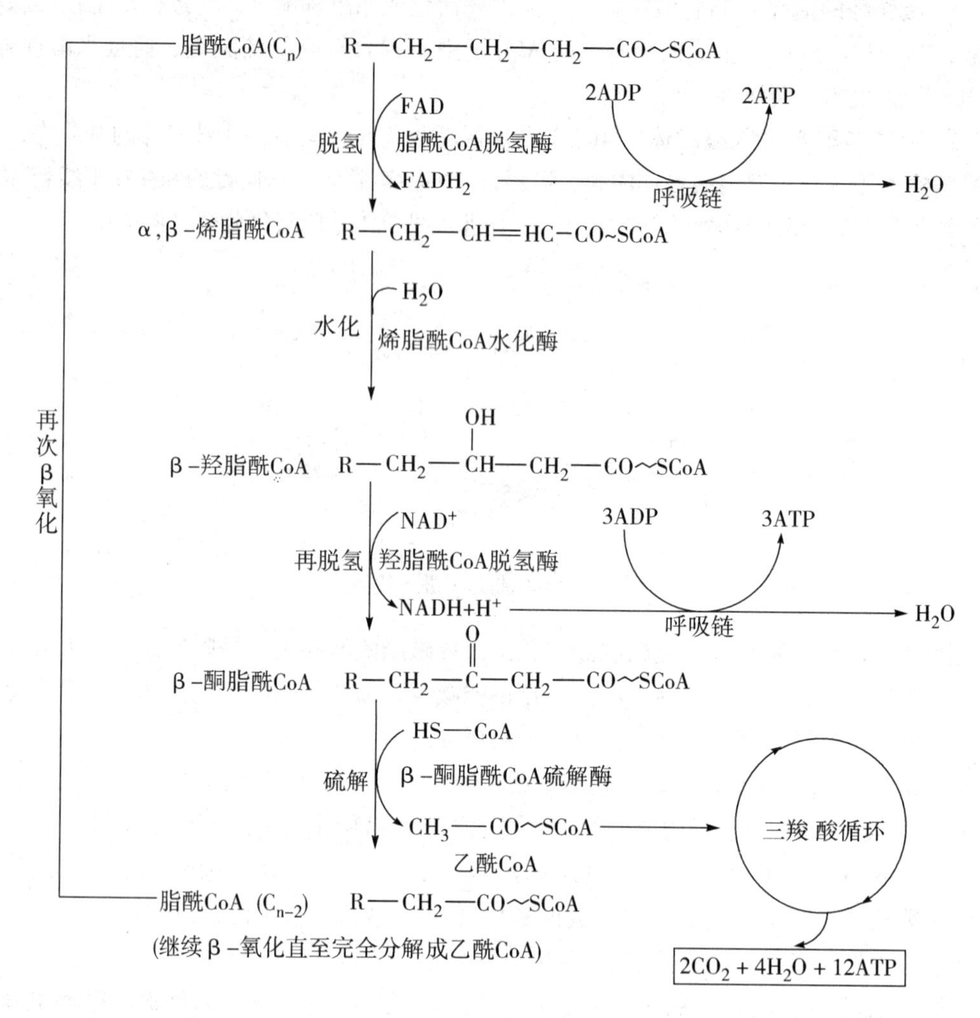

图7-2 脂肪酸的β-氧化

（四）酮体的生成和利用

脂肪酸在肝外组织（如心肌、骨骼肌等）经β-氧化生成的乙酰辅酶A，进入三羧酸循环彻底氧化成CO_2和H_2O，并释放能量；而在肝细胞中含有活性较强的合成酮体的酶系，β-氧化生成的乙酰辅酶A，大部分转变为乙酰乙酸、β-羟丁酸、丙酮等中间产物。这三种中间产物统称为酮体。

1. 酮体的生成过程 酮体生成的部位是肝细胞的线粒体内，合成的原料是乙酰辅酶A。合成过程中的限速酶是HMG-CoA合成酶，而且肝中HMG-CoA裂解酶活性很强，因此，合成酮体是肝的特有功能。

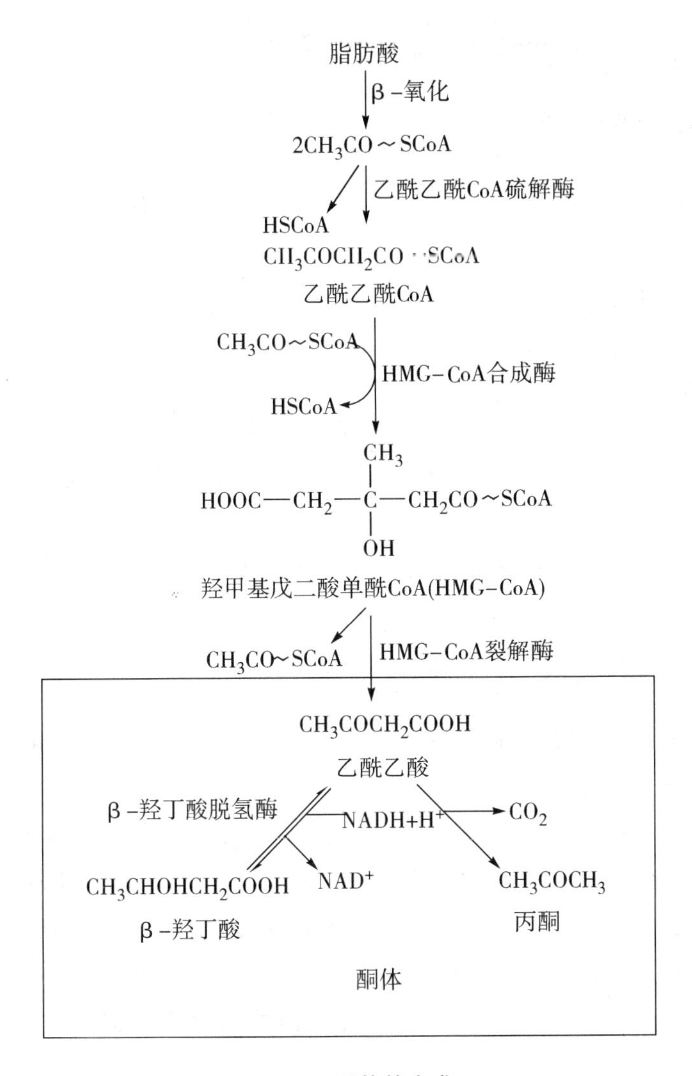

图 7-3 酮体的生成

2. 酮体的氧化 肝缺乏利用酮体的酶系，酮体生成后，很快透过肝细胞膜，由血液循环运到肝外组织（心、肾、脑、骨骼肌），这些组织含有活性很强的利用酮体的酶。因此酮体是肝内生成，肝外利用。

β-羟丁酸在β-羟丁酸脱氢酶的催化下生成乙酰乙酸，乙酰乙酸在乙酰乙酰硫激酶或琥珀酸 CoA 转硫酶催化下生成乙酰乙酰 CoA，再被分解为两分子乙酰 CoA，然后进入三羧酸循环彻底氧化（图 7-4）。

正常情况下丙酮的含量很少，可以从尿中排出，当血液中酮体剧烈升高时，可以从肺直接呼出。

3. 酮体生成的生理意义 酮体是肝为肝外组织提供的一种能源物质。它分子小，易溶于水，便于在血液中运输，并易通过血脑屏障及肌肉的毛细血管壁，是大脑和肌肉组织的重要能源。脑细胞不能氧化脂肪酸，但可利用酮体。在正常生

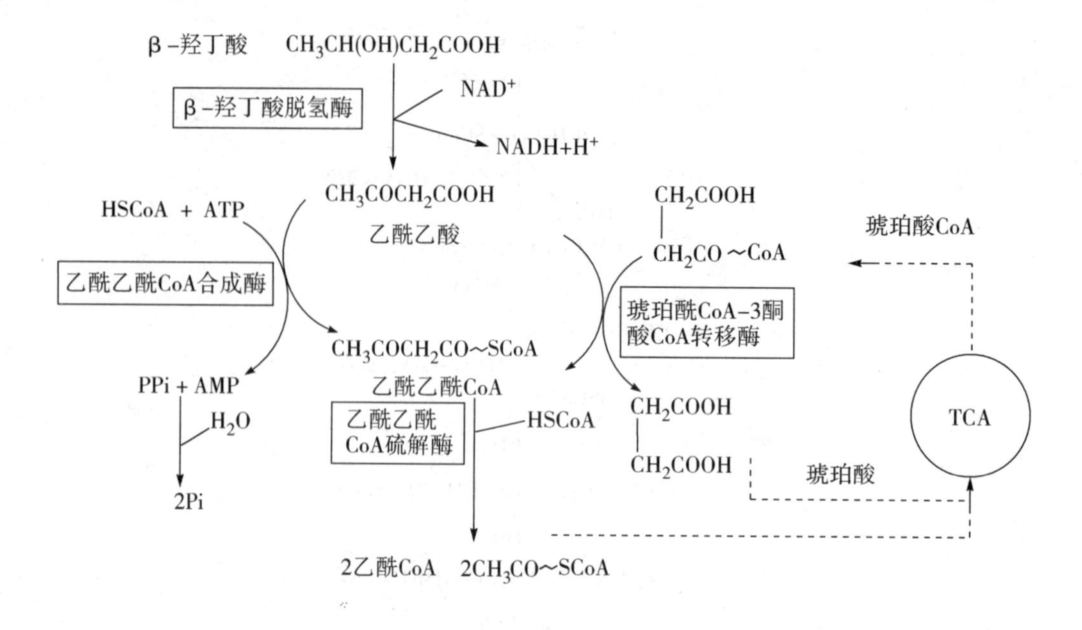

图 7-4 酮体的氧化

理情况下，脑组织主要依赖血糖供能，但在糖供给不足时（长期饥饿），酮体可以代替葡萄糖成为主要能源。

肝外组织氧化酮体的能力很强，因此正常情况下血中仅含少量未被氧化的酮体，为0.03～0.05mmol/L。其中β-羟丁酸占70%，乙酰乙酸占30%，丙酮极少。但在饥饿、高脂低糖饮食、妊娠呕吐及糖尿病时，由于脂肪动员增强，酮体生成增多，超过肝外组织利用能力，引起血中酮体堆积，出现酮血症和酮尿症。由于乙酰乙酸和β-羟丁酸都是较强的有机酸，在血中浓度过高会导致酮症酸中毒，严重可危及生命。

二、甘油三酯的合成代谢

机体通过合成甘油三酯来储存能量，以供禁食、饥饿时能量的需要。体内许多组织都能合成甘油三酯，以肝和脂肪组织最为活跃。

（一）脂肪酸的合成

体内脂肪酸除来自食物外，主要由体内合成。许多组织细胞都存在合成脂肪酸的酶系，产物主要是软脂酸。

1. 合成原料及来源

（1）乙酰辅酶A 凡能生成乙酰辅酶A的物质，均是合成脂肪酸的原料，其中主要由糖分解产生。乙酰辅酶A在线粒体内产生，而脂肪酸在胞液合成。线粒体内的乙酰辅酶A不能自由透过线粒体内膜，需通过柠檬酸-丙酮酸循环将乙酰辅酶A转运进胞液。

（2）NADPH + H^+ 提供脂肪酸合成需要的氢，主要来自磷酸戊糖途径。

2. 合成过程 在胞液中，脂肪酸的合成过程并不是β-氧化的逆过程，而是以丙二酸单酰辅酶A为基础的一个连续反应。其合成过程分为两个阶段：

（1）乙酰辅酶A转变成丙二酸单酰辅酶A 在乙酰辅酶A羧化酶的催化下，乙酰辅酶A加入CO_2转变为丙二酸单酰辅酶A，此酶是脂肪酸合成的限速酶。

（2）软脂酸的合成 一分子乙酰辅酶A和7分子丙二酸单酰辅酶A在脂肪酸合成酶系的催化下，由NADPH + H^+供氢合成软脂酸。

3. 软脂酸的改造 胞液中合成的脂肪酸主要是软脂酸，机体根据需要对软脂酸进行进一步改造和加工，使脂肪酸的碳链加长、缩短、去饱和。

（1）软脂酸碳链的缩短 通过β-氧化使碳链缩短。

（2）不饱和脂肪酸的合成 体内的去饱和酶可催化硬脂酸和软脂酸去饱和生成软油酸（16∶1）和油酸（18∶1）。由于人体缺乏相应的去饱和酶，故不能合成亚油酸和亚麻酸。花生四烯酸可由亚油酸转变而来，但不能满足机体需要，仍需从食物中获得。

（二）α-磷酸甘油的合成

α-磷酸甘油的来源有两条途径：

1. 来自糖代谢 糖代谢的中间产物磷酸二羟丙酮在α-磷酸甘油脱氢酶的催化下，还原生成α-磷酸甘油。

2. 甘油磷酸化 甘油在甘油磷酸激酶的催化作用下，活化生成α-磷酸甘油。肝、肾、小肠黏膜含有丰富的甘油磷酸激酶，而肌肉和脂肪组织中该酶活性很低。

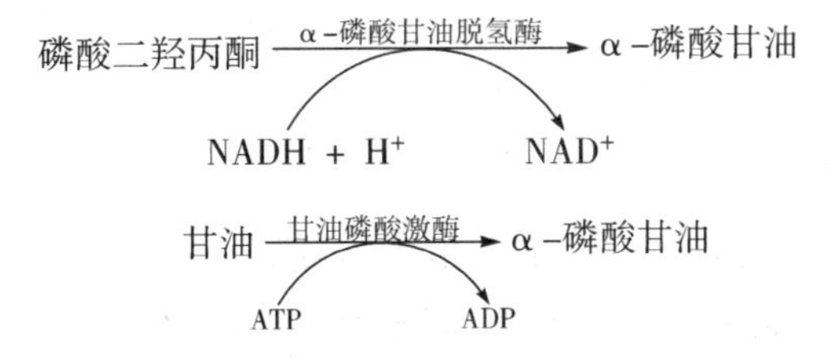

（三）甘油三酯的合成

在肝、脂肪组织及小肠黏膜的组织细胞中，以α-磷酸甘油和脂酰辅酶A为原料经脂酰转移酶的催化合成甘油三酯（图7-5）。脂肪组织合成的甘油三酯就地储存；肝及小肠黏膜合成的甘油三酯不能在原组织细胞中储存，而是形成血浆脂蛋白入血并被运送到脂肪组织储存或运到其他组织利用。

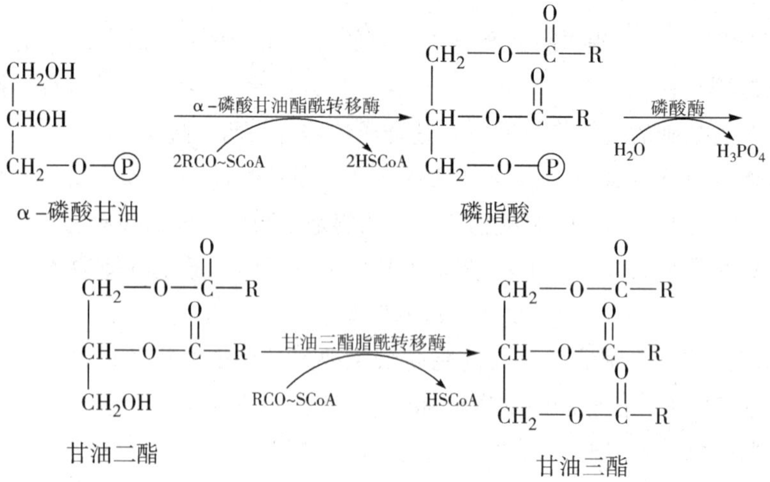

$$\underset{\alpha\text{-磷酸甘油}}{\begin{matrix}CH_2OH\\ |\\ CHOH\\ |\\ CH_2-O-Ⓟ\end{matrix}} \xrightarrow[2RCO\sim SCoA \quad 2HSCoA]{\alpha\text{-磷酸甘油酯酰转移酶}} \underset{\text{磷脂酸}}{\begin{matrix}CH_2-O-\overset{O}{\overset{\|}{C}}-R\\ |\\ CH-O-\overset{O}{\overset{\|}{C}}-R\\ |\\ CH_2-O-Ⓟ\end{matrix}} \xrightarrow[H_2O \quad H_3PO_4]{\text{磷酸酶}}$$

$$\underset{\text{甘油二酯}}{\begin{matrix}CH_2-O-\overset{O}{\overset{\|}{C}}-R\\ |\\ CH-O-\overset{O}{\overset{\|}{C}}-R\\ |\\ CH_2OH\end{matrix}} \xrightarrow[RCO\sim SCoA \quad HSCoA]{\text{甘油三酯脂酰转移酶}} \underset{\text{甘油三酯}}{\begin{matrix}CH_2-O-\overset{O}{\overset{\|}{C}}-R\\ |\\ CH-O-\overset{O}{\overset{\|}{C}}-R\\ |\\ CH_2-O-\overset{O}{\overset{\|}{C}}-R\end{matrix}}$$

图 7-5 甘油三酯的合成

第三节 类脂的代谢

一、甘油磷脂的代谢

人体内含量最多的磷脂是甘油磷脂，有磷脂酰胆碱（卵磷脂）、磷脂酰胆胺（脑磷脂）及磷脂酰丝氨酸等。其中磷脂酰胆碱在体内含量最多，是构成细胞膜磷脂双分子层的基本成分。

（一）甘油磷脂的合成

甘油磷脂除小部分来自食物，大部分由机体自身合成。

1. 合成部位 全身各组织均可合成甘油磷脂，肝、肾、肠等组织中的合成很活跃，其中肝最活跃。肝合成的甘油磷脂除肝细胞自身利用外，还用于组成脂蛋白参与脂类的运输。

2. 合成原料 合成甘油磷脂需要甘油二酯、胆碱（或胆胺）等，所需能量由 ATP、CTP 提供。

3. 合成过程 见图 7-6。

（二）甘油磷脂的分解

人体中含有多种磷脂酶，有磷脂酶 A_1、A_2、B_1、C、D。它们作用于磷脂的各个酯键（图 7-7），使甘油磷脂水解，最终生成甘油、脂肪酸、磷酸和含氮碱（胆碱、胆

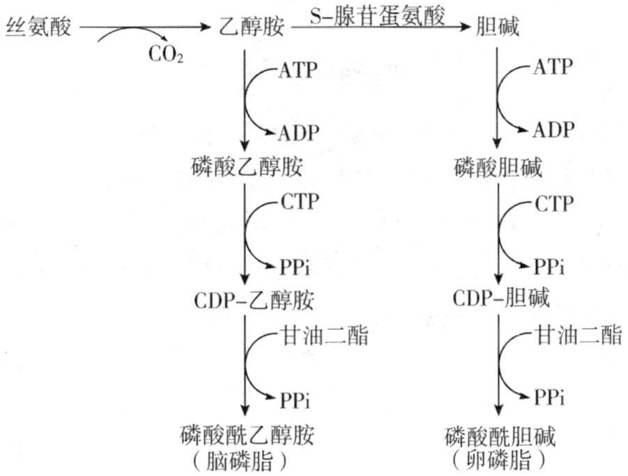

丝氨酸 → (CO_2) 乙醇胺 —S-腺苷蛋氨酸→ 胆碱

乙醇胺 —(ATP→ADP)→ 磷酸乙醇胺 —(CTP→PPi)→ CDP-乙醇胺 —(甘油二酯→PPi)→ 磷酸酰乙醇胺（脑磷脂）

胆碱 —(ATP→ADP)→ 磷酸胆碱 —(CTP→PPi)→ CDP-胆碱 —(甘油二酯→PPi)→ 磷酸酰胆碱（卵磷脂）

图 7-6 甘油磷脂的合成

胺）。这些产物可重新利用或氧化分解。

磷脂酶 A_2催化甘油磷脂第 2 位碳上的酯键水解，生成多不饱和脂肪酸和溶血磷脂。溶血磷脂具有较强的表面活性，能使红细胞膜或其他细胞膜破坏，引起溶血或细胞坏死。某些毒蛇的毒液中含有磷脂酶 A_1，其水解产物亦为溶血磷脂，因此人被毒蛇咬伤后，会引起溶血并出现中毒症状。

磷脂酶 A_2以酶原形式存在于胰腺中。正常情况下，胰腺分泌的磷脂酶 A_2在肠道激活后表现活性。急性胰腺炎时，大量磷脂酶 A_2 原在胰腺内激活，致使胰腺细胞坏死，是急性胰腺炎产生临床症状的生化基础。

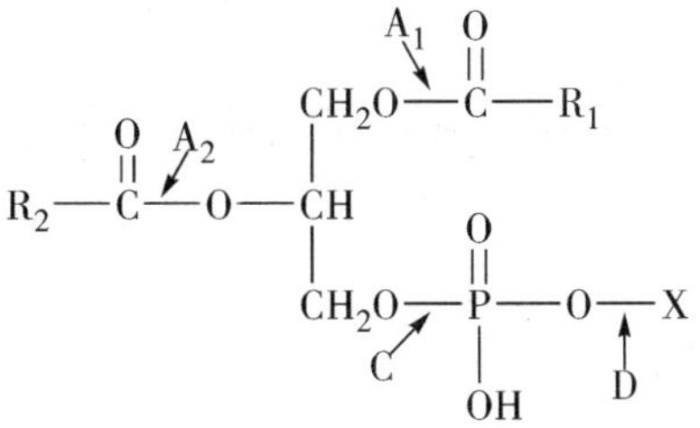

CH_2O—C(=O)—R_1 （A_1）

R_2—C(=O)—O—CH （A_2）

CH_2O—P(=O)(OH)—O—X （C、D）

图 7-7 磷脂酶的作用部位

（三）甘油磷脂与脂肪肝

正常成人肝中脂类占肝湿重的 3% ~5%，其中甘油三酯占一半。如肝中脂类总量超过正常含量（ >10%），主要是甘油三酯堆积称为脂肪肝。引起脂肪肝的原因有多种，其中甘油磷脂合成障碍是原因之一。由于甘油磷脂合成减少，导致极低密度脂蛋白（VLDL）合成减少，使肝中的甘油三酯不能顺利运出，堆积在肝细胞内，形成脂肪肝。临床上常用甘油磷脂及合成甘油磷脂的原料（丝氨酸、蛋氨酸、胆碱、胆胺）以及相关辅助因子（叶酸、维生素 B_{12}、ATP、CTP）来防治脂肪肝。

知识拓展

脂肪肝的原因

甘油三酯的来源增多：长期高脂、高糖、高热量饮食，使合成甘油三酯的原料增多，肝中甘油三酯的合成增加，导致甘油三酯堆积在肝细胞内。

极低密度脂蛋白（VLDL）合成障碍：合成甘油磷脂原料不足或肝功能障碍，导致甘油磷脂合成减少，极低密度脂蛋白（VLDL）合成障碍，从而使肝中的甘油三酯不能运出，形成脂肪肝。

二、胆固醇的代谢

正常成人体内含140g左右的胆固醇。其中25%存在于脑及神经组织中，胆固醇约占脑组织重量的2%。肝、肾、肠等内脏、皮肤及脂肪组织亦含有较多的胆固醇，其中以肝内含量最多。肌肉组织胆固醇含量较少。

（一）胆固醇的来源

体内胆固醇的来源主要有外源性（食物消化吸收）和内源性（体内合成）两种。

1. 外源性胆固醇

（1）消化和吸收　人体每天从食物摄取0.3～0.8g胆固醇，主要来源于肉类、动物内脏、蛋黄、奶油等动物性食品，其中以脑、蛋黄及内脏中含量较多。在食物中以游离胆固醇为主，少量为胆固醇酯。在肠道中，胆固醇酯在胰胆固醇酯酶催化下水解成游离胆固醇和脂肪酸。

肠道中的游离胆固醇、甘油一酯、脂肪酸与胆汁酸共同组成混合微团，进入肠黏膜细胞表面而被吸收。大部分游离胆固醇在肠黏膜细胞内又重新酯化成胆固醇酯，再与甘油三酯、磷脂及载脂蛋白一起形成乳糜微粒，经淋巴进入血液循环。

（2）影响胆固醇消化吸收的因素

①胆汁酸盐：能促进脂类乳化，有利于胆固醇酯的消化；又是形成混合微团的必要成分，有利于胆固醇的吸收。

②食物脂肪：食物中脂肪可促进胆汁分泌，其水解产物又是组成混合微团的成分，在肠黏膜细胞中，这些产物还可促进乳糜微粒的形成。因此食物脂肪对胆固醇的消化吸收有促进作用。

③植物固醇：植物固醇与胆固醇结构相似，不被人体吸收，可抑制胆固醇吸收。

④其他因素：纤维素、果胶、某些药物（考来烯胺）可与胆汁酸结合，促进胆汁酸的排泄，间接减少胆固醇的吸收。

2. 内源性胆固醇　人体所需胆固醇主要由自身合成，每天可合成1～1.5g。

（1）合成部位　人体内除脑组织及成熟红细胞外，几乎全身各组织细胞均能合成胆固醇。肝脏合成胆固醇能力最强，其次是小肠。

（2）合成原料 乙酰辅酶A是合成胆固醇的原料，并需要ATP供能及NADPH + H^+供氢。这些物质大多数由糖代谢提供，故高糖饮食可使血胆固醇增高。

（3）合成过程 胆固醇合成过程复杂，可分为三个阶段（图7-8）。

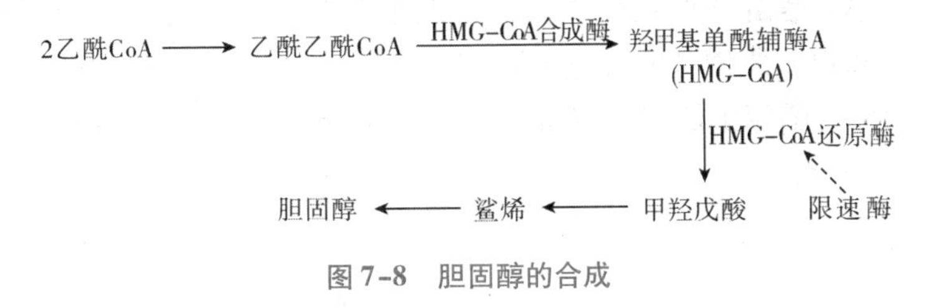

图7-8 胆固醇的合成

①甲羟戊酸的生成：首先由2分子乙酰辅酶A缩合生成乙酰乙酰辅酶A，然后再与1分子乙酰辅酶A缩合成β-羟基-β-甲基单酰辅酶A（HMG-CoA），后者经HMG-CoA还原酶催化生成甲羟戊酸（MVA）。HMG-CoA还原酶是胆固醇合成的限速酶。

②鲨烯的生成：甲羟戊酸（MVA）经磷酸化、脱羧、脱羟基等反应生成活性很强的5碳焦磷酸化合物。这些5碳化合物经多次缩合生成30碳多烯烃化合物——鲨烯。

③胆固醇的合成：鲨烯经环化、氧化、脱羧及还原等反应，脱去3分子CO_2，形成胆固醇。

（4）胆固醇合成调节 各种因素对胆固醇合成的调节，主要通过对HMG-CoA还原酶活性的影响来实现。

①饥饿与饱食：饥饿可使HMG-CoA合成减少，活性减低，同时饥饿可引起合成胆固醇的原料不足，因此饥饿与禁食可抑制胆固醇的合成。相反，长期过多地摄入糖、脂肪，可增加胆固醇的合成。因为糖分解代谢可提供胆固醇合成的原料，而饱和脂肪酸能提高HMG-CoA还原酶的活性。因此适当节制饮食并增加运动量，可控制胆固醇的合成。

②外源性胆固醇：摄入外源性胆固醇过多可反馈抑制HMG-CoA酶的活性，从而减少胆固醇的合成；此外，胆固醇的一些衍生物对HMG-CoA还原酶也有较强的抑制作用。

③激素：调节胆固醇合成的激素有胰岛素、肾上腺素、胰高血糖素和甲状腺素。胰岛素可诱导HMG-CoA还原酶的合成，使胆固醇的合成增加；胰高血糖素和皮质酮则能抑制HMG-CoA还原酶的活性，使胆固醇的合成减少；甲状腺素一方面能诱导HMG-CoA还原酶的合成，另一方面又可促进胆固醇在肝中转变成胆汁酸，后一作用更为明显，总的结果使血浆胆固醇水平降低（甲状腺功能亢进的患者常可见血浆胆固醇降低，甲状腺机能减退的患者常可见血浆胆固醇升高的现象）。

（二）胆固醇的酯化

细胞内的胆固醇均以游离胆固醇形式存在，血浆及肝中主要是胆固醇酯。

血浆中的卵磷脂-胆固醇酯酰基转移酶（LCAT）催化卵磷脂，将第2位碳原子上的脂肪酸（大多为不饱和脂肪酸）转移到胆固醇的3-位羟基上，生成胆固醇酯和溶血卵磷脂。

$$卵磷脂 + 胆固醇 \xrightarrow{\boxed{LCAT}} 胆固醇酯 + 溶血卵磷脂$$

反应中的LCAT是由肝细胞合成，分泌入血发挥作用。当肝功能障碍时，LCAT合成量减少，导致血浆胆固醇酯含量下降。正常情况下，血浆中胆固醇和胆固醇酯的比例是1∶3。因此，临床上测定血浆游离胆固醇（Ch）/（ChE），作为反映肝细胞功能的指标。

（三）胆固醇的去路

胆固醇在体内不能彻底分解生成二氧化碳和水，产生能量。但有着重要的生理功能。

1. 构成细胞膜的重要成分，参与血浆脂蛋白的合成。

2. 转变成生理活性物质：

（1）转变成胆汁酸　胆固醇在肝转变成胆汁酸是胆固醇的主要代谢去路。胆汁酸随胆汁排入肠道，促进食物中脂类及脂溶性维生素的消化吸收。

（2）转变成类固醇激素　胆固醇是类固醇激素的合成原料。在肾上腺皮质内可转变成肾上腺皮质激素；在睾丸内可转变为雄激素；在卵巢内可转变为雌激素和孕激素。

（3）转变成维生素 D_3　在肝及肠黏膜等处，胆固醇脱氢成7-脱氢胆固醇，后者在皮下经紫外光照射转变为维生素 D_3。

3. 排泄：胆固醇在体内的排泄形式有两种。

（1）胆汁酸　胆固醇在肝中转变成胆汁酸，随胆汁排入肠道，最后随粪便排出。这是胆固醇的主要排泄途径。

（2）粪固醇　部分进入肠道的胆固醇经肠道细菌还原为粪固醇，随粪便排出。

第四节　血脂及血浆脂蛋白

一、血脂

（一）血脂的组成和含量

血浆中所含脂类物质总称为血脂，包括甘油三酯（TG）、胆固醇（Ch）和胆固醇酯（ChE）、磷脂（PL）以及游离脂肪酸（FFA）等。血脂仅占全身脂类总量的极少部分，受膳食、年龄、性别、职业及代谢的影响，变动范围较大。空腹时血脂相对恒定，由于血脂转运于全身各组织间，其含量可反映体内脂类代谢状况，临床上测定血脂作为高脂血症、动脉硬化、冠心病的辅助诊断。

（二）血脂的来源和去路

1. 血脂的来源

（1）外源性 从食物消化吸收入血的脂类。

（2）内源性 体内合成的脂类以及脂库中甘油三酯动员释放入血的脂类。

2. 血脂的去路

（1）氧化供能和储存 甘油三酯和游离脂肪酸主要进入组织细胞氧化供能；过多的进入脂库储存。

（2）构成生物膜和转变 磷脂和胆固醇主要构成生物膜；胆固醇在体内可转变成多种生理活性物质。

二、血浆脂蛋白

由于脂类难溶于水，必须与水溶性较强的蛋白质（载脂蛋白）结合形成脂蛋白，才能被血液运输，因此血浆脂蛋白是脂类在血液中转运的主要形式。

（一）血浆脂蛋白的组成

血浆脂蛋白是由脂类和蛋白质结合而成的。

1. 脂类 每种血浆脂蛋白都含有甘油三酯、磷脂、胆固醇及胆固醇酯。但各组分的比例不同，有的含甘油三酯多，有的含胆固醇多。如 CM 含甘油三酯最多，达 80% ~ 95%；LDL 含胆固醇最多，可达 50%。

2. 载脂蛋白 血浆脂蛋白中的蛋白质部分称为载脂蛋白（Apo），它们是肝及小肠黏膜细胞合成的特异球蛋白，至今已发现 18 种，分为 A、B、C、D、E 五大类。每一类脂蛋白都含有一种或多种载脂蛋白。载脂蛋白的主要功能是运载脂类，同时还具有调节脂类代谢关键酶活性，参与脂蛋白受体识别等功能。

（二）血浆脂蛋白的分类

各种脂蛋白由于所含脂类及载脂蛋白不同，其密度、颗粒大小、表面电荷及免疫性均有所不同。一般可用密度法（超速离心法）和电泳法将其分类。

1. 密度法 将血浆在一定浓度的盐溶液中进行超速离心，其中所含脂蛋白因密度不同而飘浮或沉淀，按密度从小到大分为乳糜微粒（CM）、极低密度脂蛋白（VLDL）、低密度脂蛋白（LDL）和高密度脂蛋白（HDL）。

2. 电泳法 由于各种脂蛋白中载脂蛋白的含量和种类不同，故其表面电荷不同，在电场中具有不同的电泳迁移率。根据迁移率的快慢，将血浆脂蛋白分为 α-脂蛋白、前 β-脂蛋白、β-脂蛋白和乳糜微粒（CM）四种。α-脂蛋白泳动最快，乳糜微粒最慢，其电泳位置见图 7-9。

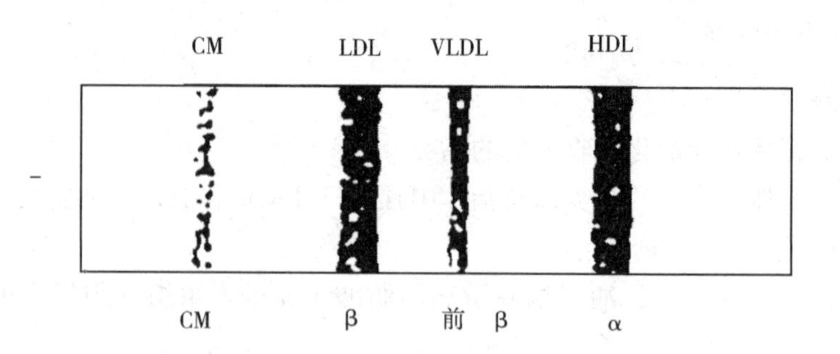

图 7-9 脂蛋白质电泳图

知识拓展

好脂蛋白和坏脂蛋白

高密度脂蛋白可将胆固醇从肝外组织转运到肝脏进行转化，使胆固醇难以在血管中沉积，防止动脉粥样硬化的斑块形成，从而对血管起到“保护作用”。研究表明，人体高密度脂蛋白的浓度与冠心病呈显著地负相关。

低密度脂蛋白则是将胆固醇从肝脏运送到全身。低密度脂蛋白可深入动脉内皮，堆积形成动脉粥样硬化斑块，导致动脉血管狭窄甚至阻塞，诱发心脑血管疾病。大量研究显示，低密度脂蛋白水平低的人群，冠心病发生率也低；低密度脂蛋白胆固醇水平高的人群，冠心病的发生率也高。通常是低密度脂蛋白升高在先，冠心病发病在后。

因此，高密度脂蛋白对人体健康起积极作用，是好脂蛋白；而低密度脂蛋白则对人体健康起相反的作用，是坏脂蛋白。

（三）血浆脂蛋白的功能

1. 乳糜微粒（CM） 由小肠黏膜细胞合成，主要功能是从小肠转运外源性甘油三酯到各组织。CM 在血浆中的降解速度很快，故正常人空腹血浆中不含 CM。

2. 极低密度脂蛋白（VLDL） 主要由肝细胞合成，主要功能是从肝脏转运内源性甘油三酯到各组织。

3. 低密度脂蛋白（LDL） 在血浆中由 VLDL 转变而来，主要功能是将肝内胆固醇转运到肝外组织。它是正常成人空腹血浆中含量最多的脂蛋白，约占总量的 2/3。与高胆固醇血症的形成密切相关。

4. 高密度脂蛋白（HDL） 主要由肝细胞合成，主要功能是将胆固醇从肝外组织转运到肝中进行代谢，因此具有清除外周组织胆固醇和防止动脉粥样硬化的作用，故 HDL 被称为抗动脉粥样硬化的“保护因子”。血浆 HDL 增高的人，不易发生动脉粥样硬化和心血管疾病。

三、高脂血症

空腹血脂高于正常参考值的上限即称高脂血症。临床常见有高甘油三酯血症和高胆固醇血症。由于血脂在血浆中以脂蛋白的形式存在，因此，高脂血症实际就是高脂蛋白血症。

高脂血症分为原发性和继发性两大类。原发性高脂血症可能与脂蛋白代谢中的关键酶、载脂蛋白及脂蛋白受体缺陷有关。继发性高脂血症继发于某些疾病，如糖尿病、肾病、甲状腺功能减退、肝病等。此外，肥胖、不良的饮食和生活习惯也是诱发高脂血症的重要因素。

知识拓展

高血脂的危害

人体内的血管是人体的“生命之河”，各种营养物质及代谢废物均由其运输。长期高脂血症易引起脂质浸润和沉积在动脉管壁，破坏血管结构，引起动脉粥样斑块，使“生命之河”不再清澈通畅。当斑块逐渐增大，就会导致血管狭窄，使血流不畅，甚至闭塞，引起多种疾病，称为动脉粥样硬化。如这种动脉粥样硬化病变发生在冠状动脉，就会引起心绞痛、心肌梗死、心律失常、心搏骤停；如果发生在脑血管，就会引起中风，临床上表现为偏瘫、失语、意识障碍；如果病变累及肾动脉，则可能引起肾动脉狭窄，导致高血压，甚至肾功能衰竭；血管硬化同样可以累及眼底动脉，导致视力下降甚至失明。

目标测试

一、填空题

1. 甘油三酯是由________和________组成的酯类物质。
2. 脂类包括________和________。
3. 类脂包括________、________、________和________。
4. 必需脂肪酸包括________、________和________。
5. 脂肪酸的β-氧化包括________、________、________和________四个连续反应步骤。其产物是________。
6. 体内脂肪酸合成的原料是________，合成的供氢体是________。
7. 体内胆固醇存在有________和________两种形式。血浆中________多于________。
8. 胆固醇的来源有________和________两种，其中主要是________。
9. 胆固醇合成的限速酶是________，此酶的辅酶是________。

10. 正常人空腹血浆中主要的脂蛋白是________，测不到的脂蛋白是________。

11. 血浆脂类的运输形式是________，其颗粒表面是________基团，而颗粒内部是________基团。

12. 电泳法将血浆脂蛋白分为________、________、________和________四种。

二、单选题

1. 甘油三酯在人体内的主要功能是（　　）

A. 促进脂溶性维生素吸收　　B. 构成生物膜
C. 维持体温　　D. 储能供能

2. 类脂主要的生理功能是（　　）

A. 保护内脏　　B. 构成生物膜
C. 储能供能　　D. 促进脂溶性维生素吸收

3. 甘油三酯氧化分解的生理功能是（　　）

A. 储能　　B. 供能　　C. 合成酮体　　D. 转变成糖

4. 硬脂酸（18C）经几次 β-氧化，生成几分子乙酰辅酶 A（　　）

A. 9，10　　B. 6，7　　C. 7，8　　D. 8，9

5. 体内酮体生成增多主要见于（　　）

A. 高蛋白饮食　　B. 高糖饮食
C. 肝功能障碍　　D. 严重糖尿病

6. β-氧化的部位是（　　）

A. 细胞核内　　B. 细胞线粒体基质
C. 细胞液内　　D. 内质网

7. 一次 β-氧化可产生 ATP 的分子数是（　　）

A. 12　　B. 5　　C. 38　　D. 4

8. 体内合成脂肪最主要的组织器官是（　　）

A. 脂肪组织　　B. 肾　　C. 肝　　D. 肌肉组织

9. 机体可合成下列哪种脂肪酸（　　）

A. 亚油酸　　B. 亚麻酸
C. 花生四烯酸　　D. 硬脂酸

10. 脂肪酸氧化过程中，将脂酰 CoA 由胞液转移入线粒体需要下列哪种物质协助（　　）

A. 胆碱　　B. 胆胺　　C. 肉毒碱　　D. 载脂蛋白

11. 胆固醇合成的主要器官是（　　）

A. 肝　　B. 肾　　C. 心　　D. 脑

12. 胆固醇合成的原料是（　　）

A. 乙酰乙酸　　B. 乙酰 CoA　　C. 甘油三酯　　D. 丙酮酸

13. 胆固醇的主要代谢去路是（　　）

A. 转变成维生素 D_3　　B. 转变成雌激素

C. 转变成雄激素　　　　D. 转变成胆汁酸

14. 下列哪种物质不是胆固醇转变的（　　）

A. 肾上腺皮质激素　　　　B. 维生素 D_3

C. 肾上腺素　　　　D. 性激素

15. 具有预防动脉粥样硬化的血浆脂蛋白是（　　）

A. CM　　B. VLDL　　C. LDL　　D. HDL

三、判断题（对的打"√"，错的打"×"）

1. 机体所有组织均能氧化利用酮体。(　　)

2. 酮体是乙酰乙酸、β-羟丁酸、丙酮的总称。是肝向肝外组织输出能源物质的一种形式。(　　)

3. 脂肪酸先需要活化，然后在细胞液中进行氧化。(　　)

4. 脂肪酸 β-氧化过程中脱氢酶的辅酶均为 NAD^+。(　　)

四、名词解释

1. 必需脂肪酸　　2. 脂肪动员　　3. 酮体

五、问答题

1. 严重糖尿病的患者为什么会出现酮症酸中毒?

2. 说出脂肪肝的病因及防治措施。

3. 简述各种血浆脂蛋白的功能。

第八章　生物化学技术

学习目标

1. 知识目标　熟悉常见生化药物及其分类；了解生物化学在药学领域的应用及发展；了解生物化学技术在医学领域的应用。

2. 技能目标　认识常见生化药物。

第一节　生物化学技术在医学领域的应用

一、疾病预防

利用疫苗对人体进行主动免疫是预防传染性疾病的最有效手段之一。注射或口服疫苗可以激活体内的免疫系统，产生专门针对病原体的特异性抗体。例如乙肝疫苗用于乙型肝炎的预防。

二、疾病诊断

生物技术的开发应用，提供了新的诊断技术和一些灵敏度高、性能专一、实用性强的临床诊断新设备，如体外诊断试剂、免疫诊断试剂盒等，并找到了某些疑难病症的发病原理和医治的崭新方法。特别是单克隆抗体诊断试剂和DNA诊断技术的应用，使许多疾病特别是肿瘤、传染病在早期就能得到准确诊断。

单克隆抗体以它明显的优越性得到迅速的发展，全世界研制成功的单克隆抗体有上万种，主要用于临床诊断、治疗试剂、特异性杀伤肿瘤细胞等。有的单克隆抗体能与放射性同位素、毒素和化学药品联结在一起，用于癌症治疗，它准确地找到癌变部位，杀死癌细胞，有“生物导弹”“肿瘤克星”之称。

DNA诊断技术是利用重组DNA技术，直接从DNA水平做出人类遗传性疾病、肿瘤、传染性疾病等多种疾病的诊断。它具有专一性强、灵敏度高、操作简便等优点。

三、疾病治疗

（一）提供药物

现代生物技术以再生的生物资源为原料生产生物药品，从而可获得过去难以得到的足够数量用于临床的研究与治疗。比如用传统生产工艺，1g 胰岛素要从 7.5kg 新鲜猪或牛胰脏组织中提取得到，远远不能满足患者的需要。而生物技术则很容易解决这一难题，利用基因工程的“工程菌”生产 1g 胰岛素，只需 20L 发酵液，它的价值是不能用金钱来计算的。

利用基因工程能大量生产一些来源稀少价格昂贵的药物，减轻患者的负担，解决了过去用常规方法不能生产或者生产成本特别昂贵的药品的生产技术问题，开发出了一大批新的特效药物。如胰岛素、干扰素、白细胞介素-2、组织血纤维蛋白溶酶原激活因子、肿瘤坏死因子、集落刺激因子、人生长激素、表皮生长因子等，这些药品可以分别用以防治诸如肿瘤、心脑血管、遗传性、免疫性、内分泌等严重威胁人类健康的疑难病症，而且在避免毒副作用方面明显优于传统药品。

（二）基因治疗

基因治疗是一种应用基因工程技术和分子遗传学原理对人类疾病进行治疗的新疗法，是指利用健康的基因来填补或替代基因疾病中某些缺失或病变的基因，以达到根治遗传性疾病的目的。其方法是先从患者身上取出一些细胞（如造血干细胞、纤维干细胞、肝细胞、癌细胞等），然后利用对人体无害的逆转录病毒当载体，把正常的基因嫁接到病毒上，再用这些病毒去感染取出的人体细胞，让它们把正常基因插进细胞的染色体中，使人体细胞“获得”正常的基因，以取代原有的异常基因；接着把这些修复好的细胞培养、繁殖到一定的数量后，送回患者体内，治愈疾病。

世界上第一个基因治疗成功的范例是 1990 年美国医学家安德森对腺苷脱氨酶缺乏症（ADA 缺乏症）的基因治疗。这种先天性代谢性异常疾病的病因是腺苷脱氨酶缺乏导致核酸代谢产物异常累积，使 T、B 淋巴细胞发育不全、功能障碍，导致严重的细胞、体液免疫缺陷。

知识拓展

基因疗法的典型例子是半乳糖血症患者的基因治疗。这种患者由于细胞内缺少基因 G，不能产生半乳糖-1-磷酸-尿苷酰转换酶，以致大量半乳糖-1-磷酸和半乳糖堆积在肝组织中，这些半乳糖可转变为酒精，从而造成肝脏损害。临床表现为小结节性肝硬化、呕吐、腹泻、营养不良、黄疸、腹水、白内障、智力发育迟钝、半乳糖血症、半乳糖尿、氨基酸尿等。如果从大肠杆菌（内含 G 基因）提取出能产生半乳糖酶的脱氧核糖核酸片段，以噬菌体为载体进入患者细胞内，患者细胞便开始产生半乳糖酶，使原来不能利用半乳糖的细胞恢复对半乳糖的正常代谢。如果再将这种已经治愈的细胞用人工的方法移植到人体器官内，使之成为人体的正常部分，就能从根本上治愈疾病。而且由于患者细胞内脱氧核糖核酸的缺陷部分得到了纠正，这种病也不会遗传给下一代。

（三）器官移植

器官移植技术向异种移植方向发展，即利用现代生物技术，将人的基因转移到另一个物种上，再将此物种的器官取出来置入人体，代替人的生病的“零件”。另外，还可以利用克隆技术，制造出完全适合于人体的器官，来替代人体“病危”的器官。

第二节　生物化学技术在药学领域的应用及发展

传统化学制药在多年的发展之后，新药的研发遇到“瓶颈”，发掘新药的难度日益加大。生物技术的革命为新药研发带来了全新的视角，进入了全新的领域，全球生物制药迅速发展，新型药物所占的比例不断提高，在各种重大疾病防治中的作用越发重要，应用也越来越广泛。由于生物制药产业在国外也是刚刚兴起，我国生物制药行业发展程度和国外的差距不大，生物产业必将是我国医药未来发展的新方向。

一、国内生化药物的发展及现状

我国生化药物的研究和开发起步于20世纪70年代，到了90年代已有许多产品步入产业化。2005年，我国批准了4个具有自主知识产权的生物技术药物：重组人脑利钠素、^{131}碘美妥昔单抗注射液、重组人血管内皮抑制剂和重组人五型腺病毒注射液，表明我国的生物药物研究已开始从仿制转入创新的阶段。2006年我国申报的101种生物制品中，有92种生物制品属于国产申报，只有9种是进口申报。这标志着我国生物制药技术越来越成熟，进入了发展的快车道。截止至2015年2月，我国生物制品共有的批文国内品种有1889条，占目前国内药品总量的1.12%；进口445条，共有2334条批文。

目前的生物技术药物主要集中在四个方面：一是基因工程药物经久不衰，国内市场潜力巨大，主要有乙肝疫苗、干扰素、白细胞介素、粒细胞和巨噬细胞集落刺激因子、促红细胞生长素、重组胰岛素、重组链激酶、重组表皮生长因子、促肝细胞生成素等数十个品种，国产品牌增长迅速，市场份额正迅速扩大；二是单克隆抗体药物的突破创新，单克隆抗体有极强的靶向性和特异性，被称为“生物导弹”，在癌症等重大疾病领域有突破性进展，引领生物制药进入更广阔的医学领域；三是二类疫苗迅速崛起，新型疫苗不断出现；四是各种诊断试剂逐渐进入临床，大大地提高了疾病诊断的效率。

二、未来生化药物的研究方向

（一）生化药物的剂型

由于我国生化药物的剂型比较单一，多数药物只有一种或两种剂型，限制了其临床应用，所以可以通过剂型的研究来改善。

1. 改变剂型，增加药物的新用途，扩大其适应证 例如，玻璃酸钠的注射液、滴眼液、散剂等分别在眼科、关节病及手术外科等有不同的适应证。

2. 改变剂型，方便用药 许多生化药物即时疗效不明显，需要长期用药，使患者对某些剂型（如注射剂）难以接受，从而影响药物的使用，特别是用作预防的药物，更需用药方便。例如，用于预防血栓的低分子肝素；用于防治关节疾病的玻璃酸钠和硫酸软骨素；用于提高免疫力的胸腺激素类药物都以经口服用药为宜。

（二）生化药物的制备方法和生产工艺

传统的生化药物制备工艺技术如溶剂提取法、沉淀法、酶解法、吸附法和离子交换法等，还不够先进，仍有改进的潜力。需要进一步改进的还有具体操作步骤以及材料和设备。

（三）生化药物的生物活性与药理作用及临床应用

虽然生化药物具有的天然结构存在着生物活性与药理作用的合理性，但有些生物活性在治疗上远远没有达到预期效果，还需做大量的研发工作。一方面对传统的生化药物选择有特色的新适应证加以开发，另一方面对生化药物本身可能存在的某种优势通过临床试验来充分发掘，是开拓市场、产生经济效益的重要途径。

知识拓展

2013 年，我国出口生化药 38.56 万吨，同比增长 6.78%，出口额再创新高，达到 23.97 亿美元，为我国生化药出口额增长率的由负转正做出了最大贡献。在 177 个出口国家和地区中：对欧洲出口 8.65 亿美元，同比增长 3.52%；对亚洲出口 7.84 亿美元，同比增长 15.27%。上述两大洲是我国生化药的主要出口市场，所占比重达 69%。

第三节 生化药物

一、生化药物的定义

生物化学药物简称生化药物。生化药物是指运用生物化学的理论、方法和技术从生物体提取、分离、合成、纯化用于治疗、预防和诊断疾病的生物活性物质。既有来源于动物、植物、微生物的天然活性物质也有通过化学合成或半合成及生物技术制备或重组的药物。通常是专指在生物体中发挥重要生理作用的生命基本物质。广义上来讲生化药品属于生物制品这个大范畴；狭义上现在一般把疫苗、菌苗、灭活毒菌株、血液制品等归为生物制品，生化药品则指的是治疗类药物，如基因工程药物、提取的蛋白类药物、多糖及核酸类药物等。

知识拓展

生化药品和生物制品

生化药品是指动物、植物和微生物等生物体中经分离提取、生物合成、生物-化学合成、DNA重组等生物技术获得的一类防病、治病的药物。主要包括氨基酸、核苷、核苷酸及其衍生物、多肽、酶、辅酶、脂质及多糖类等生化物质。

生物制品是指以微生物、寄生虫、动物毒素、生物组织作为起始材料，采用生物学工艺或分离纯化技术制备，并以生物学技术和分析技术控制中间产物和成品质量制成的生物活性制剂，包括菌苗、疫苗、毒素、类毒素、免疫血清、血液制品、免疫球蛋白、抗原、变态反应原、细胞因子、激素、酶、发酵产品、单克隆抗体、DNA重组产品、体外免疫诊断制品等。

二、生化药物的种类

生化药物的分类有以下几种：

（一）根据原料来源分类

1. 动物来源的生化药物 动物是生化药物的主要来源，包括陆地生物和海洋生物。动物的组织、器官、分泌物、胎盘等，都可以作为生化药物的原料。猪是动物组织器官主要来源，其次是牛、羊、家禽和海洋生物。如目前临床应用的细胞色素C来自猪心；从猪的胰腺可以提取、制备多种生化药物如胰酶、胰岛素等；用小牛胸腺制备胸腺素；血液中因含有丰富的生物活性物质往往作为血液制品的原料，如人血白蛋白、丙种球蛋白（又叫作免疫球蛋白）、超氧化物歧化酶（SOD）及以动物血为原料生产的凝血酶、血红蛋白、血红素等。

2. 植物来源的生化药物 有从人参、黄芪、红花提取的能抗肿瘤、抗辐射、增强免疫力的活性多糖；从菠萝果皮、茎、心部分提取的菠萝蛋白酶；用木瓜制备蛋白抑制剂。

3. 微生物来源的生化药物 由于微生物具有种类多、繁殖快、易培养、产量高、成本低、便于大规模生产的优势，利用微生物发酵工程可以生产多种生化药物，如氨基酸、维生素、酶和激素等。随着生化技术的快速发展，以微生物为原料制备生化药物逐渐成为重要的发展方向，前景极其广阔。如L-天冬酰胺酶是从大肠杆菌菌体中分离的酶类药物，用于治疗白血病。将基因重组技术应用于微生物，已经获得了多种药品，如重组人胰岛素、重组人干扰素等。

（二）根据结构和功能分类

1. 氨基酸类药物 氨基酸是蛋白质的基本组成单位，对于维持机体正常的生命活动有重要的作用。根据氨基酸在机体生化反应过程中的作用，某些氨基酸在医疗上还有其特定的用途。

（1）单氨基酸及其衍生物　精氨酸、谷氨酸可用于肝硬化、肝昏迷的辅助治疗；赖氨酸可促进生长发育，是优良的营养剂；半胱氨酸用于解毒、抗辐射；甘氨酸用于肌无力、缺铁性贫血的治疗；N-乙酰半胱氨酸别名痰易净，为祛痰药，用于大量黏痰阻塞引起的呼吸困难等。

（2）复合氨基酸注射液　由多种氨基酸按一定比例配方制备，针对各种原因所致的体内蛋白质缺乏，主要用于营养补充。

2. 多肽类药物　研究证明，人类的内分泌激素基本上都属于多肽，多肽类物质是人体非常重要的生命调节剂。多肽类药物的研究和使用虽然起步较晚，但独特的生理活性和药理作用，已经使其成为保障人类健康的一类重要药品。

（1）内源性多肽类

①垂体多肽：促肾上腺皮质激素（39 肽）、促胃液素（5 肽）、加压素（也称抗利尿素，9 肽）、催产素（9 肽）、人促黑色素细胞激素（22 肽）。

②消化道多肽：胃泌素（5 肽）、胰泌素（27 肽）、胆囊收缩素（33 肽）、抑胃肽（43 肽）、血管活性肠肽（28 肽）、胰多肽（36 肽）。

③下丘脑多肽：促甲状腺素释放激素（3 肽）、促性腺激素释放激素（10 肽）、生长激素抑制激素（14 肽）。

④脑多肽：从动物脑和脑脊液中分离出来用于镇痛及治疗精神分裂症的多肽有蛋氨酸脑啡肽和亮氨酸脑啡肽（均为 5 肽）。

⑤激肽类：用于抢救休克或急性低血压的血管紧张肽有Ⅰ（10 肽）、Ⅱ（8 肽）及用于舒张血管、降低血压、收缩平滑肌的血管舒缓肽。

⑥其他肽类：谷胱甘肽（3 肽）具有解毒作用；降钙素（32 肽）用于治疗骨质疏松；松果肽（3 肽）可抑制促性腺激素。

（2）外源性多肽类　蛇毒、蝎毒、蜂毒、蛙毒、水蛭素、唾液酸、苍蝇分泌的“杀菌肽”和花粉提取物等。

3. 蛋白类药物

（1）蛋白质激素　属蛋白质类的激素有胰岛素，是治疗糖尿病的重要药品；还有胸腺素、生长素、催乳素、促甲状腺素、促黄体激素等。

（2）蛋白质类细胞生长调节因子　干扰素是体内抗病毒的重要活性物质；还有白细胞介素、集落刺激因子、促红细胞生长素等。

（3）血浆蛋白　包括白蛋白、免疫球蛋白、纤维蛋白和凝血因子（Ⅲ、Ⅷ、Ⅸ）等。

（4）黏蛋白　胃膜素用于治疗消化道溃疡。

（5）碱性蛋白　鱼精蛋白用于抗肝素过量引起的凝血障碍和自发性出血。

（6）其他蛋白　植物凝集素（促淋巴细胞转化）、天花粉蛋白、相思豆毒蛋白（抗癌）。

4. 酶类药物　20 世纪后半叶，生物科学和生物工程迅速发展，酶在医药领域得到广泛应用。从最初的助消化和消炎为主，到现在扩展至降压、凝血与抗凝血、抗氧化、抗肿瘤等多种用途。国内生产的品种也从原来的十几种发展到现有的上百种。

(1) 助消化酶类　能补充体内消化酶不足，恢复机体正常消化功能。包括胃蛋白酶、胰酶、胰蛋白酶、胰淀粉酶、胰脂肪酶、纤维素酶、脂肪酶、麦芽淀粉酶等。

(2) 消炎酶类　能分解炎症部位纤维蛋白的凝结物，消除伤口周围的坏疽、腐肉，有抗炎、消肿、清创和排脓的作用。包括糜蛋白酶、溶菌酶、胰 DNA 酶、菠萝蛋白酶、木瓜蛋白酶、枯草杆菌蛋白酶、黑曲霉蛋白酶、胶原蛋白酶等。

(3) 凝血酶及抗血栓酶　凝血酶可用于需减少流血或止血的各种医疗情况，如蛇毒凝血酶；抗血栓酶可以抗凝或溶解血栓，预防和治疗血栓性疾病，如溶栓酶、纤溶酶、尿激酶、链激酶等。

(4) 抗肿瘤酶类　可用于肿瘤的诊断和治疗，如 L-天冬酰胺酶、甲硫氨酸酶、组氨酸酶、精氨酸酶、酪氨酸酶、谷氨酰胺酶等。

(5) 辅酶　CoA、CoQ_{10}治疗心脏病和肝病，NAD^+、$NADP^+$、FMN、FAD 用于肝炎、肾炎、冠心病的辅助治疗。

(6) 其他酶类　细胞色素 C（用于组织缺氧）、超氧化物歧化酶 SOD（用于风湿性关节炎）、DNA 酶（用于慢性气管炎）、青霉素酶（用于青霉素过敏）、抑肽酶（用于急性胰腺炎）。

5. 核酸类药物　在疾病的发病过程中，核酸功能的改变是发病的重要因素。核酸类药物正是在恢复正常代谢或纠正异常代谢中起着重要的作用。根据药物结构特点分为：

(1) 具有天然结构的核酸类　有助于改善机体的物质代谢和能量平衡，加速受损组织的修复，促进缺氧组织恢复正常生理机能。临床上用于放射病、血小板减少症、急慢性肝炎、心血管疾病、肌肉萎缩等代谢障碍。如肌苷、ATP、辅酶 A、脱氧核苷酸、肌苷酸等。

(2) 自然结构碱基、核苷、核苷酸结构的类似物或聚合物　这一类核酸类药物是当今治疗病毒、肿瘤、艾滋病等重大疾病的重要手段，也是刺激产生干扰素、免疫抑制的临床药物。如阿糖胞苷、阿糖腺苷、5-氟环胞苷、5-碘苷、无环鸟苷、5-氟尿嘧啶、6-巯基嘌呤、呋喃氟尿嘧啶等。

6. 多糖类药物　糖类药物就是含糖结构的药物或以糖为基础的药物，糖自身也可以作为药物。糖类药物种类繁多，其分类方法也有多种，按照含有糖基数目不同可分为以下几类。

(1) 单糖类　如葡萄糖、果糖、氨基葡萄糖和维生素 C 等。单糖类药物的主要用途有供给机体所需能量；治疗低血糖；提高肝的解毒功能；具有利尿和补充体液的作用。此外，葡醛内酯适用于肝炎、肝硬化和药物、食物中毒的治疗；某些单糖还可用于治疗关节炎和胶原性疾病。

(2) 低聚糖类　如蔗糖、麦芽乳糖、乳果糖等。

(3) 多糖类　多糖又有多种，根据其来源不同又可分为：

①来源于植物的多糖，如黄精多糖、黄芪多糖、人参多糖、刺五加多糖。

②来源于动物的多糖，如肝素、透明质酸、硫酸软骨素、鹿茸多糖、刺参多糖、壳聚多糖。

③来源于微生物的多糖，如香菇多糖、猪苓多糖、灵芝多糖、云芝糖肽、茯苓多糖等。

多糖的药理作用综合体现在调节免疫功能，增强机体的抗炎、抗氧化和抗衰老作用；抗感染作用；促进细胞 DNA、蛋白质的合成，促进细胞的增殖、生长；抗辐射损伤作用，抗射线的损伤，有抗氧化、防辐射作用；抗凝血作用，肝素是天然抗凝剂；降血脂，抗动脉粥样硬化作用等多方面。

（4）糖的衍生物　如 1,6-二磷酸果糖、6-磷酸葡萄糖、磷酸肌醇等。

7. 脂类药物

（1）磷脂类　卵磷脂、脑磷脂可用于治疗动脉粥样硬化和神经衰弱，还可以防治老年性痴呆。

（2）胆酸类　鹅脱氧胆酸有消除胆结石的作用；猪脱氧胆酸治疗高脂血症；胆酸钠是利胆药，用于胆囊炎的治疗。

（3）固醇类　胆固醇、麦角固醇、谷固醇。

（4）色素类　胆红素用于消炎，也是人工牛黄的主要成分；原卟啉可改善肝脏代谢功能，用于肝炎的治疗；血卟啉是激光治疗癌症的辅助剂。

（5）不饱和脂肪酸类　有降血脂、抗脂肪肝的亚油酸、亚麻酸等，用于心血管疾病的防治；前列腺素系列可扩张小血管，还可保护胃黏膜。

（6）其他脂类　人工牛黄具有清热、解毒、化痰、定惊的作用，临床用于热病谵妄、小儿惊风和咽喉肿胀等。

8. 生物胺类　是一类具有生物活性含氮的低分子量有机化合物的总称。根据其组成成分分为单胺和多胺两类。单胺主要有酪胺、组胺、色胺、苯乙胺、腐胺等，一定量的单胺类化合物对血管和肌肉有明显的舒张和收缩作用，对精神活动和大脑皮层有重要的调节作用；多胺主要包括精胺和亚精胺，在生物体的生长过程中能促进 DNA、RNA 和蛋白质的合成，加速生物体的生长发育。微量生物胺是生物体内的正常活性成分，具有重要的生理功能。但当人体摄入过量的生物胺特别是同时摄入多种生物胺时，会引起过敏反应，例如恶心、头痛、呼吸紊乱、心悸、血压变化等，严重的还会危及生命。

（三）根据用途分类

1. 治疗药物　如胰岛素、干扰素。

2. 预防药物　如乙肝疫苗。

3. 诊断药物　如单克隆抗体诊断试剂。

三、生化药物的特点

1. 药理学特点

（1）药理活性高。生化药物是精制出来的高活性物质，因此具有高效的药理活性。

（2）治疗的针对性强。治疗的生理、生化机制合理，疗效可靠。如细胞色素 C 为呼吸链的一个重要成员，用它治疗因组织缺氧所引起的一系列疾病，效果显著。

（3）营养价值高、毒副作用小。生化药物既可用于疾病的防治，也可以作为营养保健食品。

（4）生理副作用时有发生。

2. 理化特点

（1）分子量不定　除化学结构明确的小分子化合物外，大部分的大分子物质（如蛋白质、多肽、核酸、多糖类等），其分子量一般几千至几十万。

（2）结构确证难　在大分子生化药物中，由于有效结构或分子量不确定，其结构的确证很难沿用元素分析、红外、紫外、核磁、质谱等方法加以证实，往往还要用生化法如氨基酸序列等法加以证实。

（3）需做效价测定　生化药物多数可通过含量测定，以表明其主药的含量。但对酶类药物需进行效价测定或酶活力测定，以表明其有效成分含量的高低。

（4）需做生物活性检查　在制备多肽或蛋白质类药物时，有时因工艺条件的变化，导致蛋白质失活。因此，对这些生化药物，除了用通常采用的理化法检验外，尚需用生物检定法进行检定，以证实其生物活性。

（5）需做安全性检查　由于生化药物的性质特殊，生产工艺复杂，易引入特殊杂质，故常需做安全性检查，如热源检查、过敏试验、毒性试验等。

四、生化药物的制备方法

（一）提取分离及纯化

1. 提取　利用一种溶剂对各种物质的溶解度不同，从动物体中分离出一种或几种组分的过程。通常用冷溶剂提取，称为浸渍；热溶剂提取称为温取，又称为浸煮。从液体提取则称为萃取。

2. 盐析　向含蛋白质的粗提取液中加入适量的盐，如硫酸铵、硫酸钠、氯化钠等，使不同特征的蛋白质分别从溶液中沉淀出来以达到分离、提纯的目的。

3. 有机溶剂分级沉淀　蛋白质、酶、核酸、多糖等生物大分子的水溶液中，逐渐加入甲醇、氯仿、丙酮等有机溶剂后，其溶解度均不同程度地降低，从而沉淀下来。

4. 等电点沉淀　调节两性生化物质（如氨基酸、多肽、蛋白质、核酸等）溶液的 pH，以达到某一物质的等电点，两性物质在等电点时溶解度最低，从而沉淀析出。

5. 结晶和重结晶　为获得高纯度的物质，于一次结晶后将它溶于适当溶剂中并采用蒸发浓缩、降温、加盐、调节 pH 或加入另一种有机溶剂等方法，使之重新结晶析出，以除去杂质。

6. 酶解　酶解过程可使药物中大分子的杂质成为小分子，从而与待精制的药物成分分离。通过酶解也可制备小分子产品。酶解的关键在于选择适当的酶，并在最适宜的 pH 和温度下进行。

7. 透析 利用小分子物质在溶液中能通过透析膜，而蛋白质和多糖等大分子不能通过透析膜的性质，达到大小分子相互分离的目的。

（二）化学合成

许多生化药物能人工合成，如氨基酸、多肽、氯霉素、碱基、甾体激素、核苷类抗代谢物等。其优点是产量大，产物易分离，成本比天然产物提取低，能对产物的化学结构改造和修饰达到高效、长效和高专一性目的。

（三）生物技术

生物技术是人们以现代生命科学为基础，结合其他基础科学的科学原理，采用先进的科学技术手段，按照预先的设计改造生物体或加工生物原料，为人类生产出所需产品或达到某种目的的新型技术。主要包括发酵工程、细胞工程、酶工程、基因工程。

1. 发酵工程 运用现代工程技术手段，利用微生物的某些特定功能，为人类生产有用的产品，或直接把微生物应用于工业生产过程的一种技术。目前应用此法生产的生化药物有氨基酸、多肽、蛋白质、酶和辅酶、抗生素、核酸及其降解物、维生素、激素、糖、脂、有机酸等。

2. 细胞工程 利用细胞生物学的原理和方法，结合工程学的技术手段，按照预先的设计，有计划地改变或创造细胞遗传性的技术。包括细胞融合、细胞生物反应器、染色体转移、细胞器移植、基因转移、细胞及组织培养等。

目前发展最快的是单克隆抗体这种细胞融合（又称细胞杂交）技术。它把产生抗体的 B 淋巴细胞与繁殖能力强的骨髓瘤细胞融合成杂交瘤细胞。然后取出进行培养或注入动物腹腔繁殖，能分泌出的同种抗体即单克隆抗体。将单克隆抗体与抗癌药物偶联做成药物载体注入体内，由于抗体与肿瘤表面的抗原结合，能使药物定向到达靶细胞，抑制其生长而不影响正常细胞。

3. 酶工程 将酶或者微生物细胞、动植物细胞、细胞器等在一定的生物反应装置中，利用酶所具有的生物催化功能，借助工程手段将相应的原料转化成有用物质的技术。如氨基酸的酶转化、葡萄糖酶转化、抗生素的半合成、辅酶再生等。

4. 基因工程 又称基因拼接技术和 DNA 重组技术，将不同来源的基因按预先设计的蓝图，在体外构建杂种 DNA 分子，然后导入活细胞，以改变生物原有的遗传特性，获得新品种，生产新产品。

目标测试

一、单选题

1. 下列属于氨基酸药物的是（　　）

A. 胰岛素　　B. 赖氨酸　　C. 催产素　　D. 降钙素

2. 痰易净的化学名称（　　）

A. 胱氨酸　B. 半胱氨酸　C. 乙酰半胱氨酸　D. 赖氨酸

3. 可以治疗慢性肝炎及砷中毒的氨基酸是(　　)

A. 赖氨酸　B. 谷氨酸　C. 蛋氨酸　D. 精氨酸

4. 下列属于多肽药物的是(　　)

A. 加压素　B. 干扰素　C. 鱼精蛋白　D. IgG

5. 下列药物分类不属于蛋白质药物的是(　　)

A. 消化道激素　B. 蛋白质激素

C. 血浆糖蛋白　D. 天然蛋白质

6. 加压素又称为(　　)

A. 抗利尿素　B. 肝素　C. 催产素　D. 利尿素

7. 干扰素具有广谱抗(　　)的作用。

A. 病毒　B. 细菌　C. 微生物　D. 噬菌体

8. 丙种球蛋白又叫作(　　)

A. 免疫球蛋白　B. IgG　C. IgA　D. IgM

9. 胸腺素是从(　　)提取具有高活力的混合肽类药物。

A. 猪胸腺　B. 小牛胸腺　C. 牛脑皮质　D. 猪胰脏

10. 超氧化物歧化酶的简称(　　)

A. SOS　B. DOA　C. DOC　D. SOD

11. 抗肿瘤作用的酶有(　　)

A. 蛋白酶　B. 胰蛋白酶

C. 水解蛋白　D. 天冬酰胺酶

12. L－天冬酰胺酶是从(　　)菌体中分离的酶类药物，用于治疗白血病。

A. 大肠杆菌　B. 枯草杆菌　C. 放线菌　D. 霉菌

13. 目前临床应用的细胞色素 C 来自(　　)

A. 猪胰脏　B. 猪心　C. 牛心　D. 人血

14. 下列不是消化酶的是(　　)

A. 胃蛋白酶　B. 脂肪酶　C. 胰蛋白酶　D. 天冬酰胺酶

二、多选题

1. 动物来源的药物主要来自动物的(　　)

A. 组织器官　B. 腺体　C. 体液　D. 骨

2. 生化药物的制备方法有(　　)

A. 提取法　B. 发酵法

C. 化学合成法　D. 基因工程

3. 临床上用于治疗降血氨的药物(　　)

A. 谷氨酸　B. 精氨酸　C. 鸟氨酸　D. 甘氨酸

4. 蛋白质激素有(　　)

A. 胰岛素　B. 生长激素　C. 干扰素　D. 催乳素

5. 下列属于消化酶的有(　　)

A. 胃蛋白酶　　B. 淀粉酶　　C. 胰酶　　D. 纤维素酶

三、判断题（对的打“√”，错的打“×”）

1. 赖氨酸的重要生理作用是营养作用。(　　)
2. 生化药物的药理活性高、没有生理副作用。(　　)
3. 白蛋白是从健康人血提取的血浆蛋白，它的主要作用是提高人体免疫力。(　　)

四、问答题

1. 什么是生化药物?
2. 生化药物有哪几大类?举例说明它们在临床上的作用。

实验与实训

实验一　生化实验基本操作

一、玻璃仪器的洗涤

在生化实验中，玻璃仪器洁净与否，是获得准确结果的重要环节。洁净的玻璃仪器内壁应十分明亮光洁，无水珠附着在玻壁上。

（一）常用的洗涤方法

1. 一般仪器，如烧杯、试管等可用毛刷蘸肥皂液、合成洗涤剂仔细刷洗；然后用自来水反复冲洗，最后用少量蒸馏水冲洗2～3次，倒置在器皿架上晾干或置于烘箱烤干备用。

2. 容量分析仪器如吸量管、容量瓶、滴定管等，不能用毛刷刷洗。用后应及时用自来水多次冲洗，细心检查洁净程度，根据挂不挂水珠采取不同处理方法。

（1）如不挂水珠，用蒸馏水冲洗、干燥，方法同上。

（2）如挂水珠，则应沥干后用重铬酸钾洗液浸泡4～6小时，然后按上法顺序操作，即先用自来水冲洗，再用蒸馏水冲洗，最后干燥。

3. 黏附有血浆的刻度吸量管等，有三种洗涤方法：

（1）先用45%尿素溶液浸泡，使血浆蛋白溶解，然后用自来水冲洗。

（2）也可用1%氨水浸泡，使血浆溶解，然后再依次用1%稀盐酸溶液、自来水冲洗。

（3）以上二法如达不到清洁要求，可浸泡于重铬酸钾洗液4～6小时，再用大量自来水冲洗，最后用蒸馏水冲洗2～3次。

4. 新购置的玻璃仪器，应先置于1%～2%稀盐酸溶液中浸泡2～6小时，除去附着的游离碱，再用自来水冲洗干净，最后用蒸馏水冲洗2～3次。

5. 凡用过的玻璃仪器，均应立即洗涤，久置干涸后洗涤十分困难。如不能及时洗涤，先用流水初步冲洗后浸泡在清水中，待后按常规处理。

（二）使用重铬酸钾洗液（以下简称洗液）注意事项

1. 需用洗液浸泡的容器，在浸泡前应尽量沥干。否则会因洗液被稀释而降低洗液的氧化力。

2. Hg^{2+}、Ba^{2+}、Pb^{2+}等离子可与洗液发生化学反应，生成不溶性化合物沉积在容器壁上。因此，凡接触过上述离子的容器，应先除去上述离子（可用稀硝酸或5%～10% EDTA钠清除）。

3. 油类、有机溶剂等有机化合物可使洗液还原失效。因此，容器壁上附有大量油类、有机物时，应先除去。

4. 洗液的酸性和氧化性很强，使用时应格外注意，千万不要滴落在皮肤或衣物上，以免灼伤或烧坏。

5. 洗液颜色由深棕色变为绿色时，说明洗液已经失效，应停止使用，更换新液。因重铬酸变成硫酸铬后不再具有氧化性。

注：重铬酸钾洗液的配制

取重铬酸钾20g溶于20mL蒸馏水中，加热至沸。冷却后再将200mL浓硫酸慢慢加入，边加边搅拌。注意：此时可产生高热，为防止容器破裂，应选用耐酸搪瓷缸或耐高温的玻璃器皿，切忌用量筒及试剂瓶等配制。为防止洗液吸收空气中的水分而被稀释变质，洗液应贮存于带盖的容器中。当清洁效力降低时，再加入少量重铬酸钾及浓硫酸就可继续使用。

二、吸量管的使用

吸量管和定量吸（移）液器（微量加样器）均为用来转移一定体积溶液的量器。

（一）吸量管

生化实验中常用的有三种，最常用的是刻度吸量管。

1. 刻度吸量管

（1）刻度吸量管的种类

①按容量规格来分，有0.1、0.2、0.25、0.5、1、2、5、10mL等数种。其精密度按不同的容积可达移取量的0.1%～1%。通常将管身标明的总容量分刻为100等分。因此，10mL的吸量管一格代表0.1mL；1mL的吸量管一格代表0.01mL，其余类推。

②按“零”点位置来分，有“0”点在吸量管上端的（即读数从上而下逐渐增大），也有“0”点在吸量管下端的（读数从下而上逐渐增大）。两种标示方法，在使用时各有方便之处。

③按刻度方法来分，刻度吸量管也有两种，一种是刻度刻到尖端的，将液体放出时，应吹出残留在吸量管尖端的少量液体，另一种是刻度不刻到尖端的。

（2）刻度吸量管的正确使用方法　用右手拇指和中指夹住管身，将吸量管的尖端伸入试液深处，左手持洗耳球把试液吸入管内至高过刻度以上时，迅速用右手食指按住吸量管的上口，以控制试液的泄放。吸液后应尽量使吸量管保持垂直，使右眼与刻度等高，稍微轻抬食指或轻轻转动吸量管，使试液面缓慢降落，至管内试液弯月面的最低点与吸量管的刻度线相齐为止。然后将吸量管插到需加试剂的容器中，让尖端与容器内壁靠紧，松开食指让液体流出。液体流完后再等 15 秒钟，捻动一下吸量管后移去（如需吹的吸量管，则吹出尖端的液体后再捻转一下吸量管移去）。如实验图 1-1 所示。

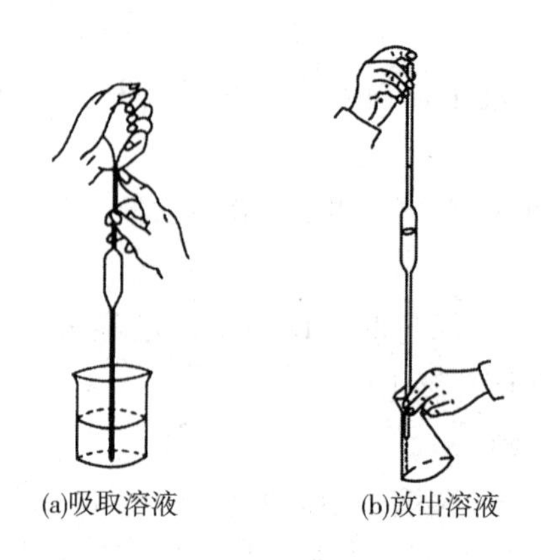

实验图 1-1　吸量管的使用方法

（3）使用刻度吸量管的注意事项

①选择适当规格的吸量管：吸量管的最大容积应等于或略大于所需容积（毫升数）。

②仔细看清吸量管的刻度情况：刻度是否包括吸量管尖端的液体；读数方向是从上而下，还是从下而上。

③拿吸量管时，刻度一定要面向自己，以便读数。

④吸取试剂时应注意三点：一是先吹去吸量管内可能存在的残留液体，二是将吸量管插入试剂液面深部（以免吸液过程中因液面降低而吸入空气产生气泡或管内试剂进入洗耳球），三是使用洗耳球（不可直接用口吸）。

⑤按吸量管上口时应该用食指，不能用拇指。

⑥吸取黏滞性大的液体（如血液、血浆、血清等）时，除选用合适的吸管（奥氏管）外，应注意拭净管尖附着的液体，尽量减慢放液速度（用食指压力控制），待液体流尽后吹出管尖残留的最后一滴液体。

⑦使用的吸量管应干净、干燥无水。如急用而又有水时，可用少量欲取试剂冲洗 3 次，以免试剂被稀释。

2. 移液吸量管　也有两种，常见的一种是吸量管的上端只有一个刻度，另一种是除了在吸量管上端有刻度外，在吸量管下端狭窄处也有一刻度线。无论哪一种，在使用时将量取的液体放出后，只需将吸量管的尖端触及受器壁约半分钟即可，不得吹出尖端的液体。

3. 奥氏吸量管　准确度最高，使用时必需吹出留在尖端的液体。

（二）定量吸（移）液器（微量加样器）

定量吸液器是吸量管的革新产品。由塑料制成。目前，因产地厂家不同其质量、价格差异悬殊。

1. 定量吸液器的优点 使用方便，取、加样迅速，计量准确，不易破损，能吸取多种样品（只换吸嘴即可）。

2. 定量吸液器的类型

（1）固定式 只能取加一定容量的试剂，不能随意调节取加样量。其规格有 10μL、20 μL、25 μL、30 μL、50 μL、100 μL、200 μL、250 μL、300 μL、400 μL、500 μL、1000 μL 等。

（2）可调式 在一定容量范围内可根据需要进行调节取加样量。例如规格为 50 ~ 200 μL 的可调式定量吸液器，可以在 50 到 200 μL 的范围内根据需要调节成设计允许的各种取加样容量（60 μL、85 μL、110 μL、170 μL、200 μL 等）。

一般来讲，固定式吸液器比较准确，可调式吸液器使用较为方便。

3. 定量吸液器的使用方法

（1）选择适当的吸液器 吸液前先把吸嘴套在吸引管上，套上后要轻轻旋紧一下，以保证结合严密。

（2）持法 右手四指（除大拇指外）并拢握住吸液器外壳（使外壳突起部分搭在食指近端），大拇指轻轻放在吸液器的按钮上。

（3）取样（吸液） 用大拇指按下按钮到第一停止点，以排出一定容量的空气，随后把吸嘴尖浸入取样液内，徐徐松开大拇指，让按钮慢慢自行复原，取样即告完成。

（4）排液 将吸液器的吸嘴尖置于加样容器壁上，用大拇指慢慢地将按钮按下到第一停止点，停留 1 秒钟（黏性较高的溶液停留时间应适当延长）。然后再把按钮按到第二停止点上，让吸嘴沿管壁向上滑动。当吸嘴尖与容器壁或溶液离开时，方可释放按钮，使其恢复到初始位置。

（5）吸液器用后应及时取下吸嘴 将吸嘴用自来水冲洗后浸入盛水的容器内（以防干涸），待实验结束后集中仔细清洗。

三、溶液的混匀

（一）混匀的目的

1. 使反应体系内的各种物质分子很好地互相接触，充分进行反应。
2. 使欲稀释的溶液成为浓度均一的溶液。

（二）混匀的方法通常有以下几种

1. 使盛器作离心运动。
2. 左手持试管上端，用右手指轻击试管下半部，使管内溶液做旋转运动。
3. 利用旋涡混合（振荡）器混匀。
4. 不得已时可用干燥清洁的玻璃棒搅匀。

（三）混匀的注意事项

1. 防止盛器内的液体溅出或被污染。
2. 严禁用手指堵塞管口或瓶口震荡混匀。

四、离心机的使用

离心法是分离沉淀的一种方法。它是利用离心机转动产生的离心力，使比重较大的物质沉积在管底，以达到与液体分离的目的。因液体在沉淀的上部，故称清亮的液体部分为上清液。

电动离心机的使用方法：

1. 将欲离心的液体，置于离心管或小试管内。并检查离心管或小试管的大小是否与离心机的套管相匹配。

2. 取出离心机的全部套管，并检查套管底部是否铺有软垫，有无玻璃碎片或漏孔（有玻璃碎片必须取出，漏孔应该用蜡封住）。检查合格后，将盛有离心液的两个试管分别放入套管中，然后连套管一起分置于粗天平的两侧，通过往离心管与套管之间滴加水来调节两边的重量使之达到平衡。

3. 将已平衡的两只装有离心管的套管，分别放入离心机相互对应的两插孔内。盖上离心机盖。打开电源开关。逐档扭动旋钮，缓慢增加离心机转速，直至所需数值。达到离心所需时间后，将转速旋钮逐步回零，关闭电源，让离心机自然停止转动后（不可人为制动），取出离心管。

实验二　蛋白质的沉淀反应

【实验目的】

1. 加深对蛋白质胶体溶液稳定因素的认识。
2. 掌握几种沉淀蛋白质的方法。
3. 了解蛋白质变性与沉淀的关系。

【实验原理】

在水溶液中，蛋白质分子的表面上由于有水化层和同性电荷的作用，所以成为稳定的胶体颗粒。但这种稳定的状态是有条件的。在某些理化因素的作用下，蛋白质分子表面带电性质发生变化、脱水甚至变性，则会以固态形式从溶液中析出，这个过程就称为蛋白质的沉淀反应。蛋白质的沉淀反应可分为以下两种类型：

1. 可逆沉淀反应　沉淀反应发生后，蛋白质分子内部结构并没有发生大的或者显著变化。在沉淀因素去除后，又可恢复其亲水性，这种沉淀反应就是可逆沉淀反应，也叫作不变性沉淀反应。属于这类沉淀反应的有盐析作用、等电点沉淀以及在低温下短时间的有机溶剂沉淀法等。

2. 不可逆沉淀反应 蛋白质在沉淀的同时，其空间结构发生大的改变，许多副键发生断裂，即使除去沉淀因素，蛋白质也不会恢复其亲水性，并丧失生物活性，这种沉淀反应就是不可逆沉淀反应。重金属盐、生物碱试剂、强酸、强碱、加热、强烈震荡、有机溶剂等都能使蛋白质发生不可逆沉淀反应。

【仪器与试剂】

试剂：10%的卵清蛋白溶液（要求新鲜配制）、浓蛋白溶液、饱和硫酸铵溶液、固体硫酸铵、0.1mol/L氢氧化钠溶液、3%硝酸银溶液、0.1%硫酸铜溶液、5%三氯乙酸溶液、95%乙醇溶液。

仪器：试管、滤纸、玻璃棒、胶头滴管、试管刷。

【实验步骤】

一、盐析

操作方法：

1. 取试管一支，加入浓蛋白溶液2mL，再加等量的饱和硫酸铵溶液，混匀后静置10分钟将出现沉淀。此沉淀物为球蛋白。

2. 取上清液于另一支试管。

3. 向上清液中加入硫酸铵粉末，边加边用玻棒搅拌，直至粉末不再溶解为止。静置数分钟后，沉淀析出的是清蛋白。

4. 向两支试管中分别加水，观察其沉淀是否溶解。

二、重金属盐沉淀

重金属离子如Pb^{2+}、Cu^{2+}、Hg^{2+}、Ag^{+}等可与蛋白质分子上的羧基结合生成不溶性金属盐而沉淀：

$$Pr\begin{cases}NH_3^+\\COO^-\end{cases}\xrightarrow{OH^-}Pr\begin{cases}NH_2\\COO^-\end{cases}\xrightarrow{Ag^+}Pr\begin{cases}NH_2\\COOAg\downarrow\end{cases}$$

重金属盐类沉淀蛋白质的反应通常很完全，特别是在碱金属盐类存在时。因此，生化分析中，常用重金属盐除去体液中的蛋白质；临床上用蛋白质解除重金属盐引起的食物中毒。

操作方法：

1. 取试管2支，分别编号后各加入10%的卵清蛋白溶液1mL。

2. 各管再加入1滴0.1mol/L氢氧化钠溶液。

3. 向1管加3%硝酸银溶液3～4滴；向2管加0.1%硫酸铜溶液3～4滴。混匀后观察沉淀的生成。

三、生物碱试剂沉淀反应

生物碱试剂能与蛋白质分子中的氨基结合生成不溶性沉淀，反应如下：

$$Pr\begin{matrix} NH_3^+ \\ COO^- \end{matrix} \xrightarrow{CCl_3COOH} Pr\begin{matrix} NH_3^+ \cdot OOCCCl_3 \\ COOH \end{matrix} \downarrow$$

操作方法：取试管一支，加 10% 的卵清蛋白溶液 20 滴后，再加入 5% 三氯乙酸溶液 10 滴，混匀后观察沉淀的出现。

四、有机溶剂沉淀反应

操作方法：取试管 1 支，加 10% 的卵清蛋白溶液 10 滴后，再加入 95% 乙醇溶液 20 滴，边加边混匀。静置片刻后观察结果。

实验三　酶的特性——酶的专一性

【实验目的】

1. 掌握酶的专一性概念。
2. 熟悉还原糖稳定性检测方法。

【实验原理】

酶具有高度专一性（特异性），即酶对底物有严格的选择性。唾液淀粉酶和蔗糖酶都能催化糖苷键水解，但唾液淀粉酶只能水解淀粉，生成具有还原性的麦芽糖；蔗糖酶只能水解蔗糖生成具有还原性的果糖和葡萄糖。利用这些水解产物的还原性（可使 Cu^{2+} 还原成 Cu^+，即生成 Cu_2O 砖红色沉淀），可证实淀粉或蔗糖是否水解，从而阐明酶的专一性。

【仪器与试剂】

试剂：0.5% 淀粉溶液、0.5% 蔗糖溶液、蔗糖酶、班氏试剂、稀碘溶液。

仪器：试管、试管架、恒温水浴锅、漏斗、量筒。

【实验步骤】

1. 制备稀唾液：用清水漱口，含入蒸馏水少量，行咀嚼动作以刺激唾液分泌。取小漏斗 1 个，垫小块薄层脱脂棉，下接 10mL 量筒，直接将一口唾液吐入漏斗中，加蒸馏水，过滤，定容至 10mL。

2. 取试管 6 支，分别按下表加入试剂。

试管号	1	2	3	4	5	6
0.5%淀粉液/滴	16	16	16	—	—	—
0.5%蔗糖液/滴	—	—	—	16	16	16
稀唾液/滴	8	—	—	8	—	—
煮沸稀唾液/滴	—	8	—	—	—	—
蔗糖酶溶液/滴	—	—	8	—	8	—
煮沸蔗糖酶溶液/滴	—	—	—	—	—	8

各管混匀，置于40℃水浴中保温10分钟。

3. 在以上各管中加入班氏试剂15～20滴，摇匀。沸水浴煮沸3分钟，观察各管颜色变化，并记录结果。

4. 注意事项：

（1）煮沸稀唾液和煮沸蔗糖酶液制备需在100℃水浴中煮沸10分钟。

（2）制备唾液的时候，一定要注意在漏斗中垫小块棉花，防止残余食物污染唾液。

实验四 核糖核酸的提取及成分鉴定

【实验目的】

1. 掌握酵母RNA提取的方法。
2. 了解核酸的组成。
3. 掌握鉴定核酸组分的方法和操作。

【实验原理】

在细胞内，大部分核酸与蛋白质结合，也有少数以游离的或以氨基酸结合的形式存在，由于组成核酸分子中所含的戊糖分子不同，可将核酸分为核糖核酸（RNA）与脱氧核糖核酸（DNA）两类。它们都是由磷酸、戊糖（核糖或脱氧核酸）及含氮杂环碱所组成，与生长和遗传有密切关系。

凡含有大量细胞核的器官或组织，如胸腺、胰脏、脾脏等均富含核酸，酵母细胞中所含的核酸，主要是RNA，DNA的含量很少，故本实验系用酵母提取RNA。由于酵母细胞中所含的核蛋白，不溶于水和稀酸，但能溶于稀碱，所以先用稀碱加热煮沸处理，使RNA成为可溶性的钠盐与酵母中其他的组成分离，然后，加酒精沉淀溶液中的RNA，最后，加酸将其完全水解，分别鉴定其组成成分。核糖在浓盐酸与地衣粉（5-甲基间苯二酚）及高铁盐酸试剂共热产生特殊的绿色而加以鉴定；嘌呤碱能与硝酸银共热产生褐色的嘌呤盐基银化合物的沉淀；磷酸则与钼酸铵试剂作用产生磷钼酸，再与$FeSO_4$作用，磷钼酸中的钼被还原生成钼蓝。

【仪器与试剂】

试剂：5% 5-甲基间苯二酚酒精溶液、Fe^{3+}-HCl 试剂、0.1mol/L $AgNO_3$溶液、$FeSO_4$结晶粉、钼酸铵试剂、0.04mol/L NaOH 溶液、酸性乙醇溶液、3mol/L H_2SO_4溶液、浓氢氧化铵溶液、3mol/L 醋酸溶液、酵母片。

仪器：烧杯、试管、离心机、量筒、胶头滴管、水浴锅、沸水浴、玻璃棒。

【实验步骤】

一、酵母细胞中 RNA 的制备

1. 取酵母片三片置于烧杯中，加 0.04mol/L NaOH 溶液 10mL，搅拌片刻，然后装入一支试管中，在沸水浴中加热 20 分钟。

2. 稍冷却后将其移入一支离心管中，平衡后离心（1500～2000 转/分钟）5～10 分钟，离心后的上清液倒入洗净的小烧杯中，并弃去沉淀。

3. 加 3mol/L 醋酸 5 滴酸化溶液，摇匀再徐徐加入 10mL 酸化乙醇，即有白色沉淀析出。

4. 静置片刻，移入两离心管中，平衡后离心约 5 分钟（转速同上），倾去上清液（上清液的酒精，可倾入回收瓶内），沉淀即为 RNA 制品。

二、RNA 及其水解产物的检查

向有剩余沉淀的离心管内加入 3mol/L H_2SO_4 溶液约 4mL，待溶解后移至中试管内煮沸约 5 分钟，取水解液作以下试验：

1. **核糖试验** 取 1mL 水解液于试管中，加 2mL Fe^{3+}-HCl 试剂，再加 2 滴 5% 的 5-甲基间苯二酚酒精溶液，混匀，置沸水中加热 3 分钟，观察颜色变化，并解释之。

2. **嘌呤碱试验** 取 1mL 水解液于试管中，加氨水 10 余滴使溶液碱化，再加数滴 0.1mol/L $AgNO_3$溶液，加热 5～8 分钟。有何颜色变化？并予解释。

3. **磷酸试验** 取 1mL 水解液于中试管中，再加 1mL 钼酸铵试剂，摇匀，加 1 小匙 $FeSO_4$结晶粉，加热 2～3 分钟，有何颜色变化？并解释之。

实验五 食品中总糖含量的测定

【实验目的】

掌握蒽酮比色法测糖的原理和方法。

【实验原理】

糖类在较高温度下与浓硫酸反应，脱水生成糠醛或羟甲基糠醛，再与蒽酮（$C_{14}H_{10}O$）

脱水缩合，形成糠醛的衍生物，呈蓝绿色。该物质在620nm处有最大吸收，在150μg/mL范围内，其颜色的深浅与可溶性糖含量成正比。

这一方法有很高的灵敏度，糖含量在30μg左右就能进行测定，所以可作为微量测糖之用。一般样品少的情况下，采用这一方法比较合适。

【仪器与试剂】

试剂：①标准葡萄糖储备液（1.0mg/mL）：称取已在80℃烘箱中烘至恒重的葡萄糖1.0000g，配制成1000mL溶液，即得每1mL含糖为1000μg的标准溶液。②标准葡萄糖工作液（0.1mg/mL）：100mg葡萄糖溶解到蒸馏水中，定容到1000mL备用。③72%硫酸：72mL 98% H_2SO_4加到28mL纯净水中，并不断搅拌。④0.1%蒽酮显色液：0.1g蒽酮和1.0g硫脲，置于烧杯中，在搅拌状态下，缓慢加入100mL 72% H_2SO_4，棕色瓶中低温存放两天，最好现配现用。⑤市售玉米粉。

仪器：可见分光光度计（752型）、可调试移液器或移液管、电子分析天平、水浴锅、电炉、25mL具塞比色管、试管。

【实验步骤】

1. 样品处理 玉米粉提取液制备：精确称取玉米粉0.200g置于锥形瓶中，加入少量温水充分溶解并定容至1000mL，摇匀过滤备用。

2. 葡萄糖标准曲线的制作 取7支干燥洁净的试管，按实验表5-1顺序加入试剂，进行测定。以吸光度值为纵坐标，各标准溶液浓度（mg/mL）为横坐标作图得标准曲线。

实验表5-1　蒽酮比色法定糖——标准曲线的制作及样品检测

	0	1	2	3	4	5	6	待测葡萄糖溶液
准葡萄糖溶液（mL）	0	0.2	0.4	0.6	0.8	1.0	1.2	样品滤液1.0
蒸馏水	补满定容2.0mL							
蒽酮试剂（mL）	10	10	10	10	10	10	10	10
沸水浴中准确煮沸10分钟，取出用流水冷却，室温放10分钟								

迅速浸于冰水浴中冷却，各管加完后一起浸于沸水浴中，管口加盖玻璃球，以防蒸发。自水浴重新煮沸起，准确煮沸10分钟取出，用流水冷却，室温放置10分钟，在620nm波长下比色。以标准葡萄糖含量（μg）作横坐标，以吸光值作纵坐标，做出标准曲线。

3. 样品测定 吸取1.0mL已稀释的提取液于试管中，加入10.0mL蒽酮试剂，平行三份；空白管以等量蒸馏水取代提取液。以下操作同标准曲线制作。根据A_{620}平均值在标准曲线上查出葡萄糖的含量（μg）。

4. 实验结果及分析

（1）数据记录

A_{620}	第一次								
	第二次								
	第三次								
	平均								

（2）计算

公式：$X = c/m \times 100$

式中：X 为样品总糖含量（以葡萄糖计，mg/100g）；c 为从标准曲线查得测定样品的糖含量（mg）；m 为测定时相当于样品的量（g）。

5. 注意事项

（1）一定要注意温度要控制在100℃。

（2）从100℃开始准确计时10分钟，然后迅速冷却，于室温中平衡10分钟。

（3）蒽酮要注意避光保存。配置好的蒽酮试剂也应注意避光，当天配制好的当天使用。

（4）试管要保证干燥清洁，无残留水滴。